电气自动化控制
与PLC技术的实验与应用研究

董培良　赵双双　王新智　著

哈尔滨出版社
HARBIN PUBLISHING HOUSE

图书在版编目（CIP）数据

电气自动化控制与 PLC 技术的实验与应用研究 / 董培良，赵双双，王新智著. -- 哈尔滨：哈尔滨出版社，2025. 2. -- ISBN 978-7-5484-8409-7

Ⅰ．TM921.5；TM571.61

中国国家版本馆 CIP 数据核字第 2025LZ1142 号

书　　名：	**电气自动化控制与 PLC 技术的实验与应用研究**
	DIANQI ZIDONGHUA KONGZHI YU PLC JISHU DE SHIYAN YU YINGYONG YANJIU
作　　者：	董培良　赵双双　王新智　著
责任编辑：	滕　达
出版发行：	哈尔滨出版社（Harbin Publishing House）
社　　址：	哈尔滨市香坊区泰山路 82-9 号　邮编：150090
经　　销：	全国新华书店
印　　刷：	北京鑫益晖印刷有限公司
网　　址：	www.hrbcbs.com
E - mail：	hrbcbs@yeah.net
编辑版权热线：	（0451）87900271　87900272
销售热线：	（0451）87900202　87900203
开　　本：	787mm×1092mm　1/16　印张：11.5　字数：188 千字
版　　次：	2025 年 2 月第 1 版
印　　次：	2025 年 2 月第 1 次印刷
书　　号：	ISBN 978-7-5484-8409-7
定　　价：	48.00 元

凡购本社图书发现印装错误，请与本社印制部联系调换。

服务热线：（0451）87900279

前　言

电气自动化控制作为现代工业技术的核心组成部分,正以前所未有的速度推动着制造业的转型升级。在这一进程中,可编程逻辑控制器(PLC)技术以其独特的优势,成为实现工业自动化控制的关键设备。PLC 技术以其高度的灵活性、可靠性以及强大的数据处理能力,在工业自动化领域发挥着不可替代的作用。电气自动化控制技术的发展,是科技进步与工业需求共同作用的结果。随着信息技术的飞速发展,传统的电气自动化控制系统正逐步向智能化、网络化方向迈进。PLC 技术作为电气自动化控制系统的核心,其发展历程同样见证了这一变革。从最初的简单逻辑控制,到如今的复杂算法处理、网络通信以及远程监控,PLC 技术的每一次进步都极大地推动了工业自动化水平的提升。在电气自动化控制系统中,PLC 技术以其强大的逻辑控制能力和数据处理能力,实现了对工业设备的精确控制。通过编程,PLC 可以实现对各种生产过程的自动化控制,如温度控制、压力控制、流量控制等。同时,PLC 还具备强大的网络通信功能,可以与其他控制系统、传感器以及执行机构进行实时数据交换,实现整个生产线的协同作业。这种高度集成的控制模式,不仅提高了生产效率,还降低了生产成本,为企业的可持续发展提供了有力保障。

本书一共分为八个章节,第一章至第三章奠定了理论基础,概述了电气自动化控制的基本概念、系统组成分类与发展趋势,并详细阐述了 PLC 技术的基础知识和电气自动化与 PLC 的融合技术。第四章至第五章深入探讨了 PLC 控制系统的设计与应用,包括选型、配件配置、软件设计、实施维护以及高级实验技术与应用拓展。第六章至第七章则聚焦于 PLC 在特殊控制策略中的应用和在其他自动化技术中的结合应用,如 PID、模糊、神经网络和自适应控制,以及与 DCS、SCADA 等系统的集成应用与协同工作;并对 PLC 在工业自动化网络中的角色与功能,及其与智能仪表、执行机构的联动控制进行了介绍。第八章展望了 PLC 控制系统的未来发展趋势,探讨其在智能制造、工业 4.0 中的角色及其自主化与智能化发展和在可持续发展中的应用与挑战。

目　　录

第一章　电气自动化控制基础 ······················ 1
第一节　电气自动化控制概述 ······················ 1
第二节　电气自动化系统组成与分类 ················ 7
第三节　电气自动化控制的发展趋势 ··············· 14

第二章　PLC 技术基础 ··························· 21
第一节　PLC 的基本概念与特点 ··················· 21
第二节　PLC 的发展历程与应用领域 ··············· 26
第三节　PLC 的硬件结构与软件组成 ··············· 31

第三章　电气自动化与 PLC 融合技术 ··············· 39
第一节　电气自动化系统中 PLC 的集成方法 ········ 39
第二节　PLC 与传感器、执行器的接口技术 ········· 45
第三节　PLC 在自动化生产线中的应用实例 ········· 51

第四章　PLC 控制系统设计与应用 ·················· 60
第一节　PLC 选型与硬件配置 ····················· 60
第二节　PLC 控制系统的软件设计 ················· 65
第三节　PLC 控制系统的实施与维护 ··············· 71

第五章　PLC 高级实验技术与应用拓展 ·············· 77
第一节　交流电机调速控制实验与优化 ············· 77

第二节 温度控制系统的精确控制与实现 …………………… 83
第三节 单轴定位控制的精度提升实验 …………………… 88
第四节 PLC网络通信与远程监控的深入实验 …………………… 96

第六章 PLC在特殊控制策略中的应用 …………………… 103

第一节 PLC在PID控制中的应用与实现 …………………… 103
第二节 PLC在模糊控制中的应用探索 …………………… 110
第三节 PLC在神经网络控制中的初步应用 …………………… 115
第四节 PLC在自适应控制中的策略研究 …………………… 121

第七章 PLC与其他自动化技术的结合应用 …………………… 128

第一节 PLC与DCS系统的集成与应用 …………………… 128
第二节 PLC与SCADA系统的协同工作 …………………… 135
第三节 PLC在工业自动化网络中的角色与功能 …………………… 140
第四节 PLC与智能仪表、执行机构的联动控制 …………………… 146

第八章 PLC控制系统的未来展望与发展 …………………… 152

第一节 PLC技术的新发展趋势与前景 …………………… 152
第二节 PLC在智能制造与工业4.0中的角色 …………………… 157
第三节 PLC控制系统的自主化与智能化发展 …………………… 163
第四节 PLC控制系统在可持续发展中的应用与挑战 …………………… 168

参考文献 …………………… 174

第一章　电气自动化控制基础

第一节　电气自动化控制概述

一、电气自动化控制基本知识

（一）电气自动化控制系统及设计的研究背景

1. 电气自动化控制系统的信息集成化

电气自动化控制系统中信息技术的运用主要体现在两个方面：一是管理层面上纵深方向的延伸。企业中的管理部门使用特定的浏览器对企业中的人力资源财务核算等数据信息进行及时存取，同时能够有效地监督控制正处于生产过程中的动态形式画面，可以及时掌握企业生产信息的第一手资料。二是信息技术会在电气自动化设施、系统与机器中进行横向的拓展。随着不断应用增加的微电子处理器技术，原来明确规定的界面设定逐渐变得模糊，与之对应的结构软件，通信技术和统一、运用都比较容易的组态环境慢慢变得重要起来。

2. 电气自动化控制系统的标准语言规范是 Windows NT 和 IE

在电气自动化工程领域，发展的主要流向已经演变成人机的界面，因为 PC 系统控制的灵活性以及容易集成的特性使其正在被越来越多的用户接受和使用。同时，电气自动化工程控制系统使用的标准系统语言使其更加容易进行维护处理。

3. 电气自动化分布式控制（DCS）系统

随着企业对 DCS 系统的实际应用，这一系统所存在的缺点也渐渐显现出来。因为 DCS 系统属于模拟数字的混合体系，它所使用的仪表装置仍然是模拟的传统型仪表，其可靠性很低，在工作中的维修使用异常困难；生产商之间缺乏协议的统一标准,缺乏维修使用的互换性;价格昂贵。信息时代的飞速发展导致了电气自动化工程系统的技术创新。

4. 以集中监控的方式运行的控制系统

因为集中控制方式的系统控制是要把所有的功能放入一个处理器中,所以处理速度是很慢的,导致了机器整个运行速度的减慢。要把所有的电子自动化设备放入监控之中,就造成了监控对象的数量过于庞大,也导致了主机空间的不断下降,同时增加了大量的电缆数量,使得投资成本提高了。电缆进行较长距离的传输也会对整个控制系统的可靠性产生影响。因为集中进行监控的联锁与隔离刀闸中的闭锁使用的都是硬接线,设备没有办法进行继续操作。加上这一接线进行反复接线时会很繁杂,查线工作就会更加困难。这样加大了维护工作的难度,也会因此而产生错误的操作,使整个电气自动化工程控制系统无法积极进行操作。

(二)电气自动化控制技术基本原理

电气自动化控制技术的核心是控制系统的设计,主要聚焦于监控方式,包括远程监控和现场总线监控。计算机系统在其中发挥着关键作用,负责动态协调所有信息,储存和分析数据,是整个系统运行的基石。在实际操作中,计算机处理大量数据,实现系统控制。电气自动化控制系统有多种启动方式,小功率系统可直接启动,而大功率系统则需采用星形或三角形启动。此外,变频调速也是一种应用广泛的控制方式。这些方式的目标是确保生产设备的安全稳定运行。电气自动化系统将发电机、变压器组等纳入监控,实现设备操作和开关控制。同时,它还能调控保护程序,支持自动和手动操作。集中监控方式设计简单,但处理速度慢,增加投资成本和系统复杂性。远程控制通过互联网连接,成本降低,但可靠性差,仅适用于小范围。总的来说,电气自动化控制技术的发展和应用,对于提高生产效率、保障设备安全运行具有重要意义,不同的监控方式各有优缺点,需要根据实际情况灵活选择和应用。

二、电气工程自动化控制技术的要点分析

(一)构建具有中国特色的电气自动化体系

电气自动化体系的建立对于电气工程的未来进步具有不可估量的重要

性，尽管我国在电气工程自动化控制技术的研发上有着不短的历史，但实际应用的时间相对较短，技术水平有待提升。加之环境、人为及资金等多重因素的制约，使得我国的电气自动化建设道路充满挑战。为此，构建一套符合我国国情的电气自动化体系势在必行。这一体系不仅需要在降低建设成本和消除影响因素的同时提升工程建设质量，还需配备先进的管理模式以确保自动化系统的稳健发展。通过实施高效管理，可以有效避免在自动化体系建设过程中出现低质量的情况。

（二）推动数据传输接口的标准化进程

为实现电气工程及其自动化系统的高效、安全数据传输，建立统一标准的数据传输接口至关重要。在系统设计与控制过程中，各种干扰因素的存在，可能会导致系统出现漏洞，从而影响电气工程的自动化水平。因此，相关人员应积极学习国际先进的设计理念和控制技术，借鉴优秀的国外设计方案，努力推动数据传输接口的标准化。这样不仅可以确保在使用过程中程序界面能够实现无缝对接，还能有效提高系统的开发效率，从而达到节约成本和时间的目的。

（三）组建专业化的技术团队

在电气工程操作过程中，人员素质问题往往是导致各种问题的根源之一。目前，不少企业面临着员工技术水平参差不齐的现状，这在设备设计和安装环节尤为突出，不仅增加了设备损坏的风险，甚至可能引发严重的故障和安全事故。针对这一问题，企业应从两方面入手：一是对现有员工进行系统的专业技术培训，如通过职前培训等方式提升他们的技能水平；二是积极引进高素质、高技能的人才，为电气工程自动化控制技术的稳健发展提供有力支撑，从而将人为因素导致的电气故障率降至最低。

（四）充分利用计算机技术推动电气工程智能化发展

在当今这个网络普及的时代背景下，计算机技术对各行各业的影响日益深远，为人们的生活带来了前所未有的便捷。将计算机技术融入电气工程自动化控制中，不仅有助于推动电气工程向更高层次的智能化方向发展，还能促进电气工程实现更为集成化和系统化的目标。特别是在自动控制技术中的数据分析和处理环节,计算机技术的运用将发挥举足轻重的作用。它不仅能大幅减轻人力资源的负担,提高工作效率,还能推动工业生产实现更高程度的自动化,并显著提升控制精度。

三、电气自动化控制技术现存的缺点

(一)能源消耗现象严重

电气工程作为一个技术和能源密集型领域,其运行和发展高度依赖于能源的持续供应。然而,当前电气工程领域面临着能源消耗严重的挑战。这一问题主要缘于传统电气工程技术和设备在能源利用效率方面的局限性。由于技术更新缓慢和设备老化,大量能源在转换和传输过程中被浪费,这不仅加剧了能源紧张的局面,也限制了电气工程的可持续发展。因此,提升能源利用率成为电气工程领域亟待解决的问题。为实现这一目标,需要工程设计师们积极探索新的节能技术,优化现有的能源转换和传输系统,减少能源在各个环节的损耗。同时,还应加强能源管理,通过智能化的能源监控系统实时监测能源消耗情况,为节能减排提供数据支持。

(二)质量存在隐患

在电气工程及其自动化领域,产品质量问题一直是一个不容忽视的挑战。部分企业过于追求生产效率和成本控制,而忽视了产品质量的重要性,导致设备在使用过程中存在诸多安全隐患。这种质量隐患不仅可能引发安全事故,给企业带来巨大的经济损失,还可能威胁到操作人员的生命安全。因此,企业必须高度重视产品质量问题,从源头上加强质量控制。首先,企业应建立完善的质量管理体系,明确质量标准和检验流程,确保每一个环节都符合质量要求。其次,企业应加强员工培训,提高员工的质量意识和操作技能,避免人为因素导致的质量问题。最后,企业应加强与监管部门的沟通与合作,及时了解行业动态和政策法规,确保产品质量符合国家和行业标准。只有这样,企业才能在激烈的市场竞争中立于不败之地,实现可持续发展。

(三)工作效率偏低

工作效率是衡量企业生产能力的重要指标,它直接影响企业的经济效益和市场竞争力。然而，在电气工程及其自动化技术的应用过程中，工作效率偏低的问题不容忽视。这一问题的根源主要来自生产力水平、使用方法以及应用范围三个方面。部分企业未能熟练掌握电气工程自动化技术，导致在实际应用中无法充分发挥其优势，进而影响了工作效率。此外，一些企业对于自动化技术的使用方法不够科学，缺乏系统的培训和指导，也使得工作效率难以提升。同时，电气工程自动化技术的应用范围相对有限，主要集中在某些特定领域，这也限制了其整体效率的提高。为了提升工作效率，企业需要不断加强技术研发和创新，提高生产力水平，优化使用方法，并积极拓展应用领域，从而实现电气工程自动化技术的更高效利用。

（四）尚未形成电气工程网络架构的统一标准

电气工程及其自动化技术的深入发展与应用，对于提升工业生产效率与精准度具有重要意义。然而，当前该领域面临的一个关键挑战是尚未形成统一的网络架构标准。由于不同企业间存在显著差异，且各生产厂家在硬软件设备生产时未遵循统一的规范性程序接口，信息数据难以实现共享。这种局面不仅阻碍了电气工程自动化技术的进一步发展，还对其作用的充分发挥产生了负面影响。因此，建立电气工程网络架构的统一标准显得尤为重要。通过制定和执行统一标准，可以促进不同企业间的信息共享与协同工作，提高整个行业的效率和竞争力。同时，这也有助于减少资源浪费和重复开发，推动电气工程及其自动化技术的持续创新与发展。

四、加强电气自动化控制技术的建议

（一）电气自动化控制技术与地球数字化互相结合的设想

在科技日新月异的今天，电气自动化控制技术与地球数字化的深度融合，正逐渐成为推动工业4.0与智慧地球建设的重要驱动力。地球数字化，作为一种通过信息技术全面整合与模拟地球各类数据，以实现智能化管理与决策的新兴理念，其核心在于数据的集成、分析与利用。电气自动化控制技术，作为现代工业生产体系中的核心支撑，以其高精度、高效率及高可靠性的特点，在提升生产效率、优化资源配置等方面展现出巨大潜力。将两者有机结合，不仅能够实现工业生产过程的全面数字化监控与智能化优化，更能在宏观层面促进资源的高效利用与环境的可持续发展。具体而言,电气自动化控制技术与地球数字化的结合,可以通过构建统一的数字平台,实现生产数据与环境数据的无缝对接与实时分析。这种集成化的数据管理体系,不仅能够为生产决策提供精准的数据支持,还能在环境保护、节能减排等方面发挥积极作用。例如,在智能电网领域,通过集成化的电气自动化控制系统,可以实现对电网运行状态的实时监测与智能调度,提高能源利用效率,减少碳排放。

(二)加强电气自动化企业与相关专业院校之间的合作

电气自动化技术的持续创新与发展,离不开企业与专业院校之间的深度合作与紧密联动。这种合作模式不仅能够有效促进科研成果的转化与应用,还能为行业培养更多具备实战经验与创新能力的高素质人才。对于电气自动化企业而言,与专业院校的合作意味着能够第一时间获取最新的科研成果与技术动态,从而加速产品的更新换代与技术升级。同时,院校的专业人才与科研资源也能为企业解决技术难题、提升核心竞争力提供有力支持。对于专业院校而言,与企业的合作则为其提供了宝贵的实践平台与教学资源。通过参与企业的实际工程项目,学生能够在实践中深化对理论知识的理解,提升解决实际问题的能力。此外,企业还能为院校提供市场需求信息与行业发展趋势,帮助院校及时调整教学内容与方向,确保人才培养与行业需求紧密对接。加强电气自动化企业与相关专业院校之间的合作,不仅能够促进产学研用的深度融合,还能推动电气自动化技术的持续创新与发展,为行业培养更多高素质、创新型人才。

(三)改革电气自动化专业的培训体系

随着电气自动化技术的快速发展与广泛应用,传统的培训体系已难以满足行业对高素质、创新型人才的需求。因此,改革电气自动化专业的培训体系,成为提升人才培养质量、推动行业持续发展的关键举措。改革后的培训体系应更加注重理论与实践的深度融合。可通过引入项目式、案例式等教学方法,让学生在解决实际问题的过程中提升专业技能与创新能力。同时,应加强跨学科知识的融合与交叉培养,拓宽学生的知识视野与思维广度,培养具备综合素养与创新能力的复合型人才。此外,还应加强与企业、科研机构的合作与交流,为学生提供更多实践机会与实习岗位。通过参与企业的实际工程项目与科研活动,学生能够更深入地了解行业动态与技术前沿,为未来的职业发展奠定坚实基础。同时,企业也能从培训体系中获取更多具备实战经验与创新能力的高素质人才,推动企业的技术创新与产业升级。

第二节 电气自动化系统组成与分类

一、电气自动化系统的核心组成部分

(一)输入设备与输出设备

在电气自动化系统中,输入设备与输出设备扮演着至关重要的角色,它们构成了系统与外部环境之间的交互桥梁。输入设备,作为系统的感知器官,其核心功能在于将外部环境的物理量变化精准地捕捉并转化为系统内部可处理的电信号。这一过程涉及信号的采集、转换和传输等多个环节,要求输入设备具备高灵敏度、高精度和良好的稳定性。例如,温度传感器能够实时监测环境温度的变化,并将其转换为相应的电信号供系统分析处理。输出设备则承担着将系统内部的控制指令转化为外部设备可执行的物理动作或显示的任务。它们通过接收来自控制器的信号,驱动外部设备做出相应的动作或状态显示,从而实现系统对外部环境的精确控制。输出设备的性能直接影响到系统控制的准确性和响应速度,因此要求具备高可靠性、快速响应和良好的驱动能力。例如,继电器作为一种典型的输出设备,能够根据控制指令迅速切换电路状态,实现对电气设备的远程控制。

(二)控制器与执行机构

在电气自动化系统中,控制器作为整个系统的核心组件,承担着信号处理与决策的重要职责。它通过接收来自输入设备的信号,运用预设的控制算法对这些信号进行深入分析和处理,进而生成相应的控制指令。控制器的设计需充分考虑系统的动态特性、稳定性要求和实时性需求,以确保控制指令的准确性和有效性。执行机构则是控制器指令的直接执行者,它负责将控制指令转化为具体的机械动作或电气信号,从而实现对被控对象的精确操控。执行机构的性能直接关系到系统控制的精度和稳定性,因此要求其具备快速响应、

高精度和强大的执行能力。在实际应用中,执行机构可能包括电动机、气动装置、液压缸等多种形式。它们通过与控制器的紧密配合,共同确保自动化系统的稳定高效运行。

(三)电源与信号调理模块

电源在电气自动化系统中占据举足轻重的地位,它是整个系统的能量源泉。为了确保系统的持续稳定运行,电源必须能够提供不间断、稳定且符合规格的电能供应。这要求电源设计需充分考虑系统的功耗需求、电压波动范围以及电源的稳定性等因素。在实际应用中,高质量的电源不仅具备过流、过压及短路保护等功能,还需拥有高效的散热系统和长寿命设计,以应对各种复杂的工作环境。信号调理模块是电气自动化系统中另一个不可或缺的组成部分。该模块的主要功能是对原始的输入、输出信号进行预处理,这些处理过程可能包括信号的放大、滤波、线性化、隔离以及模数转换等。通过这些处理,信号调理模块能够显著提高信号的信噪比和抗干扰能力,确保控制系统能够接收到准确、稳定的信号输入,从而做出精确的控制决策。

(四)人机界面与操作面板

人机界面和操作面板是电气自动化系统中实现人机交互的关键环节,人机界面通过图形化展示,为操作人员提供了一个直观、友好的交互平台。在这个平台上,操作人员可以清晰地观察到系统的实时运行状态、关键参数以及各种警告和故障信息。这种可视化的管理方式不仅提高了操作效率,也显著增强了系统的可维护性。而操作面板则是操作人员直接控制系统的工具,它通常配备了多种功能按钮、指示灯以及显示屏等组件。通过这些组件,操作人员可以轻松地对系统进行启动、停止、参数设置等操作,并实时获取系统的反馈。操作面板的设计需充分考虑人体工程学原理和操作习惯,以确保操作过程既简单又安全。

二、传感器与执行器在电气自动化中的作用

(一)传感器类型及其功能

传感器作为电气自动化系统的感知器官,承担着将环境信息转化为电信

号的重要任务。根据测量对象的不同,传感器可细分为多种类型,如温度传感器、压力传感器和位移传感器等。这些传感器通过精密的感测元件,能够实时捕捉环境中的物理量变化,如温度、压力或位移,并将这些变化量精确地转换为相应的电信号。这些电信号随后被传输至系统的控制单元,以供进一步的数据处理和控制决策。以温度传感器为例,它能够持续监测设备的工作温度,当温度超出安全范围时,及时触发警报或调整系统参数,确保设备的正常运行和安全性。同样,压力传感器在流体管道中扮演着重要角色,通过实时监测管道内的压力变化,为系统的稳定控制提供不可或缺的数据支持。

(二)执行器的种类与工作原理

在电气自动化系统中,执行器扮演着将控制指令转化为实际动作的关键角色。执行器的种类繁多,其中电动机、气动执行器和液压执行器是常见的几种。这些执行器根据接收到的控制信号,通过其内部的复杂机构,将电能、气压能或液压能转化为机械能,从而驱动被控对象进行预定的运动或操作。以电动机为例,它利用电磁感应原理,将电能转化为旋转动力,进而驱动各种设备运转。而气动执行器则通过控制压缩空气的流动,推动阀门、活塞等机械部件进行快速且准确的动作。这些执行器的工作原理虽然各异,但它们在自动化系统中都发挥着举足轻重的作用,确保了控制指令的准确执行和系统的稳定运行。

(三)传感器与执行器的配合应用

在电气自动化系统中,传感器与执行器的紧密配合是实现精准控制的关键所在。传感器作为系统的感知部分,不断监测着环境参数的变化,如温度、压力、位移等,并将这些实时数据通过信号传输反馈给控制器。控制器接收到这些数据后,会立即进行分析处理,根据预设的控制逻辑和算法,生成相应的控制指令。这些指令随后被发送给执行器,执行器则迅速响应,根据指令进行精确的动作执行,调整被控对象的状态,从而实现对环境的精准控制。这种传感器与执行器的配合应用,不仅使系统能够实时响应环境变化,保持稳定的运行状态,而且大大提高了工作效率和自动化水平。

(四)精度与可靠性要求

在电气自动化系统中,传感器与执行器的精度和可靠性是评价其性能优劣的重要指标。精度直接关系系统能否准确感知环境参数并精确执行控制指令,它要求传感器能够真实、准确地反映被测物理量的变化,同时要求执行器能够精确地响应控制指令,实现预期的动作或状态调整。而可靠性则是衡量传感器与执行器在长时间运行过程中能否保持稳定性能、不出现故障或误差的重要标准。为了确保系统的整体性能和可靠性达到设计要求,在选择和使用传感器与执行器时,必须充分考虑其精度等级、稳定性、抗干扰能力等多个因素。此外,定期的维护和保养工作同样不可忽视,它是延长传感器与执行器使用寿命、保证系统长期稳定运行的重要保障。

三、控制系统与数据处理单元的介绍

(一)控制系统的基本架构

控制系统的基本架构,作为电气自动化系统的基石,从根本上决定了整个系统的性能表现和稳定性。这一架构通常由多个关键组件构成,包括输入/输出设备、核心控制器、执行器,以及至关重要的反馈回路。在这些组件中,控制器扮演着大脑的角色,它负责接收来自输入设备的信号,这些信号可能是温度、压力、速度等各种物理量的实时数据。控制器内部会根据预设的精密控制策略对这些数据进行高效处理,并迅速输出相应的控制指令给执行器。而反馈回路,则像是一个监督者,持续不断地监测系统的实际输出状态,并将其与期望的输出状态进行细致的比较。一旦发现偏差,反馈回路会迅速调整控制策略,确保系统能够稳定、准确地运行在预设的状态轨迹上。

(二)数据采集与处理模块

在控制系统中,数据采集与处理模块占据着举足轻重的地位,该模块的主要任务是从各类传感器及输入设备中高效地采集实时数据,这些数据是系统后续控制决策的重要依据。为了确保数据的准确性和可靠性,数据采集过程必须精心设计,充分考虑到采样频率的合理性、数据格式的兼容性以及传输方式的高效性。只有这样,才能确保所采集到的数据既完整又实时,能够真实反映系统的当前状态。与此同时,数据处理也是一个不可或缺的环节。在这个过程中,原始数据会经过一系列精细的操作,包括滤波以去除噪声、转换以适应不同的数据格式和标准,以及归一化,以方便后续的数据分析和比较。

(三)控制算法与逻辑实现

在控制系统中,控制算法与逻辑实现构成了其核心环节,对于系统的控制性能和稳定性具有决定性影响。根据不同的应用场景和实际需求,控制系统可以选择和应用多种控制算法。例如,经典的 PID 控制算法通过比例、积分、微分三个环节的组合调整,实现对系统快速、准确、稳定的控制;模糊控制则利用模糊数学理论处理不确定性问题,提高系统的鲁棒性;神经网络控制则通过模拟人脑神经网络的工作方式,处理复杂的非线性控制问题。这些算法能够根据系统的当前状态和期望目标,精确计算出所需的控制量,并有效地输出给执行器以实现精准控制。此外,逻辑实现是将这些高级控制算法转化为可执行的程序代码的关键步骤,它确保了算法能够在特定的硬件平台上正确无误地运行,从而实现对系统的有效控制。

(四)实时监控与故障诊断功能

实时监控与故障诊断功能在控制系统中占据着举足轻重的地位。这一功能为操作人员提供了一个直观、全面的系统运行状态视图,帮助他们及时了解和掌握系统的各项参数和指标。通过实时监控,操作人员可以观察到如温度、压力、流量等关键参数的变化情况,从而准确判断系统是否处于正常工作状态。而当系统出现异常或故障时,故障诊断功能能够迅速响应,发出警报,并提供详尽的故障信息以及处理建议。这一功能极大地协助了操作人员快速定位和解决潜在问题,确保系统能够持续、稳定地运行。实时监控与故障诊断功能的强大与精准,不仅提升了控制系统的可靠性和安全性,也为操作人员提供了有力的支持和保障。

四、电气自动化系统的分类标准

(一)按功能需求分类

1. 监控系统

监控系统是自动化领域中的重要组成部分,其主要功能是对特定环境或过程进行实时监视。这类系统通过部署各种传感器和监控设备,持续收集环境参数、设备状态及工作流程等数据。监控系统能够实时展示这些数据,帮助管理人员全面掌握被监控对象的实时状态。此外,高级监控系统还具备预警和报警功能,当监测到异常情况时,能够迅速发出警报,以便相关人员及时响应和处理。通过这种方式,监控系统有效提升了生产运营的安全性和效率。

2. 控制系统

控制系统是自动化技术的核心,旨在根据预设的目标和算法,自动调节和控制被控对象的行为。这类系统通过接收来自传感器或其他输入设备的数据,经过内部逻辑处理后,向执行器发出指令,以实现对被控对象的精确控制。控制系统广泛应用于工业自动化、航空航天、交通运输等领域,对于提高生产效率、保障安全运营以及优化能源消耗具有重要意义。现代控制系统还融合了先进的控制算法和人工智能技术,进一步提升了控制精度和智能化水平。

3. 数据采集与分析系统

数据采集与分析系统是自动化和信息技术结合的产物,专注于从各种数据源中收集、整理和分析数据。这类系统通过高效的数据采集机制,实时捕获来自生产设备、传感器网络或其他信息系统的数据;随后,利用先进的数据分析技术,如数据挖掘、模式识别等,对这些数据进行深入处理,以揭示隐藏在其中的有价值信息,这些信息对于优化生产流程、预测设备故障、制定市场策略等具有关键作用。

(二)按控制对象分类

1. 过程控制系统

过程控制系统主要针对工业生产中的连续或批次过程进行控制,如化工、炼油、制药等领域的生产流程。这类系统专注于对温度、压力、流量、液位等关键工艺参数的监控与调节,确保生产过程的安全、稳定和高效。过程控制系统通常具备复杂的控制算法和策略,能够实时响应生产过程中的各种变化,并通过调节执行机构来维护生产过程的平稳运行。此外,现代过程控制系统还融合了先进的优化技术,旨在提高生产效率、降低能耗和减少废弃物排放。

2. 运动控制系统

运动控制系统专注于对机械运动部件的位置、速度、加速度等参数进行精确控制,这类系统在制造业中尤为常见,如数控机床、工业机器人、自动化装配线等。运动控制系统通过高精度的传感器和执行器,实现对运动部件的实时跟踪和精确调节，从而确保加工过程的精度和效率。随着技术的发展，现代运动控制系统还融入了智能算法和学习机制，使得机械设备能够自适应不同的工作环境和任务需求，进一步提升生产灵活性和智能化水平。

3. 环境控制系统

环境控制系统主要用于对建筑内部或特定空间内的环境参数进行调节和控制，如温度、湿度、空气质量等。这类系统在商业建筑、住宅、医院、实验室等场所广泛应用。环境控制系统通过感知环境中的实时参数，并根据预设的舒适度标准或节能目标，自动调节空调、通风、照明等设备的工作状态，以营造舒适且节能的环境。随着智能家居和绿色建筑的兴起，环境控制系统正朝着更加智能化和节能化的方向发展。

（三）按技术特点分类

1. 传统电气自动化系统

传统电气自动化系统是基于经典控制理论与技术构建而成的，它依赖于硬接线逻辑和固定的控制程序来实现对电气设备的自动化控制。这类系统通常具有较为简单的结构和功能，适用于那些对控制精度和智能化要求不太高的应用场景。传统电气自动化系统在设计、安装和维护方面相对成熟，成本较低，因此在一些中小型企业和老旧设备中仍然得到广泛应用。然而，随着科技的不断进步，传统系统正面临着智能化、灵活性等方面的挑战。

2. 智能电气自动化系统

智能电气自动化系统融合了现代控制理论、人工智能技术和计算机技术，具有高度的自适应、自学习和自优化能力。这类系统能够通过对大量数据的实时分析和处理，自动识别生产过程中的变化，并调整控制策略以优化性能。智能电气自动化系统在提高生产效率、降低能耗、减少故障率等方面具有显著优势，正逐渐成为工业自动化领域的主流技术。此外，智能系统还能与企业管理系统无缝对接，实现生产过程的可视化、可控制和可优化。

3. 模块化电气自动化系统

模块化电气自动化系统是一种基于模块化设计思想的先进控制系统，它将整个系统划分为若干个功能独立、结构清晰的模块，每个模块都具有特定的控制任务和功能。这种模块化设计不仅提高了系统的可维护性和可扩展性，还使得系统能够根据不同需求进行灵活配置和优化。模块化电气自动化系统在大型复杂控制系统中尤为适用,如电力系统、交通控制系统等。通过模块间的协同工作,这类系统能够实现高效、稳定的控制性能,同时降低系统设计和维护的成本。

第三节 电气自动化控制的发展趋势

一、智能化与自学习技术

(一)自适应控制算法的发展

自适应控制算法在电气自动化领域中的应用日益凸显其重要性,成为智能化与自学习技术的基石。随着现代工业环境的复杂性和不确定性不断增加,传统的固定参数控制方法在面对多变条件时显得捉襟见肘,难以满足高精度和高效率的控制需求。而自适应控制算法的出现,正是为了解决这一问题。它通过实时地调整系统参数,使得控制系统能够动态地适应外部环境或内部状态的变化,从而保持最优的控制性能。这种算法的核心在于其强大的学习和优化能力,能够不断地从实际运行数据中提取信息,对控制策略进行修正和完善,以实现更加精准和稳定的控制效果。展望未来,随着计算机技术的飞速发展以及算法研究的不断深入,自适应控制算法将在提高生产效率、增强系统稳定性以及降低能耗等方面发挥更加显著的作用,成为推动电气自动化领域技术进步的重要力量。

(二)智能故障诊断与预防

智能故障诊断与预防技术在电气自动化控制系统中扮演着至关重要的角色,该技术利用先进的大数据分析和机器学习算法,对系统的运行状态进行全面而实时的监测。一旦系统出现异常或故障迹象,智能故障诊断机制能够迅速识别并分析问题的根源,为维修人员提供准确的故障定位信息。同时,基于对历史故障数据的深度学习和模式识别,该技术还能够预测未来可能发生的故障类型及其趋势,从而提前采取相应的预防措施,避免生产中断和安全事故的发生。这种智能化的故障诊断与预防方法不仅显著提高了系统的可靠性和稳定性,而且大幅降低了维护成本和停机时间,为企业的持续高效运营提供了有力保障。随着传感器技术的不断进步和数据处理能力的持续增强,智能故障诊断与预防技术将展现出更加广阔的应用前景和巨大的市场潜力。

(三)优化决策支持系统

优化决策支持系统在电气自动化控制领域中的应用正逐渐深化,该系统以大数据分析和智能算法为基础,通过对生产过程中产生的海量数据进行深度挖掘和分析,揭示出隐藏在数据背后的规律和趋势。这些信息对于管理人员来说具有极高的价值,能够帮助他们更加全面地了解生产过程的实际状况,发现潜在的瓶颈和问题所在。同时,基于这些分析结果,优化决策支持系统还能够为企业提供科学、合理的优化建议和改进方案,指导管理人员做出更加明智的决策。这不仅可以提高企业的生产效率和质量水平,还能够降低运营成本并增强市场竞争力。未来随着人工智能技术的不断突破和创新应用模式的涌现,优化决策支持系统将更加智能化和个性化地服务于企业的各类需求场景之中,成为推动企业持续发展和行业转型升级的关键因素之一。

二、物联网与远程监控

(一)设备间的互联互通

在物联网技术的迅猛推动下,设备间的互联互通已成为工业自动化领域的关键发展趋向。通过实施标准化的通信协议,各类电气设备得以实现无缝的数据交换与信息共享,这一进步对于提升生产效率具有重大意义。这种互联互通的实现,不仅优化了生产流程,更使得整个生产过程变得更为透明和可控。企业因此能够实时监控设备的运行状态,进而根据实时数据调整生产策略,确保生产线的顺畅无阻。此外,设备间的互联互通还为更高级别的自动化和智能化提供了坚实的数据基础,推动了工业自动化技术的持续创新与发展。设备间的互联互通所依赖的标准化通信协议,是确保不同设备之间能够进行有效通信的关键。这些协议不仅规定了数据的传输格式,还定义了设备之间的交互方式,从而确保了数据的准确性和一致性。通过这种方式,企业可以更加精确地掌握生产现场的实时情况,为决策提供有力支持;同时,设备间的互联互通还为企业实现智能制造和工业互联网提供了可能,有助于推动工业领域的数字化转型。

(二)远程监控与调试

远程监控与调试技术的广泛应用,显著提升了电气自动化系统的可维护性和运行效率。借助先进的网络技术,工程师现在可以在任何地点对设备进行实时监控,这大大增强了设备故障发现和处理的及时性。此外,远程调试功能的实现,更使得工程师无须亲临现场,即可对设备进行参数调整和优化操作,这无疑大大降低了设备的维护成本和时间成本。对于地处偏远或环境恶劣的工业现场,这种技术的优势尤为明显。它不仅能确保设备的稳定运行,还能有效保障生产的连续性,从而为企业创造更大的经济价值。同时,远程监控与调试技术还为企业提供了更为灵活和高效的设备管理方式,有助于提升企业的整体竞争力。

(三)云计算与边缘计算的融合

云计算与边缘计算的融合,为电气自动化控制领域开辟了新的发展路径,云计算技术以其强大的计算和存储能力,为处理和分析大规模数据提供了可能。而边缘计算则通过在数据生成的源头进行实时处理,有效减少了数据传输的延迟,提高了系统的响应速度。这种融合技术的运用,使得电气自动化系统能够更为迅速地响应生产现场的各种变化,进而提升生产效率和灵活性。同时,借助云计算的深入分析和优化功能,企业可以更为全面地了解生产过程中的瓶颈和问题所在,为管理决策层提供有力的数据支持。可以预见,云计算与边缘计算的融合技术将成为未来电气自动化发展的重要推动力,引领工业自动化技术迈向新的高度。

三、大数据分析与优化

(一)数据驱动的流程优化

在大数据时代背景下,数据驱动的流程优化已逐渐成为电气自动化控制的核心要素,这一优化过程依赖于对生产过程中产生的大规模数据进行实时采集、深入分析和高效处理。通过这些数据,企业能够透视生产流程的每一个细微环节,从而精准识别出潜在的瓶颈与问题所在。基于数据的洞察,企业得以制定更为精确的生产策略,实现资源的优化配置,进而显著提升生产效率和产品质量。这种以数据为驱动的优化方法,不仅将企业的运营水平推向了新的高度,更为其在激烈的市场竞争中稳固领先地位提供了坚实的数据支撑。数据驱动的流程优化所展现出的潜力与价值,正引领着越来越多的企业走向数字化转型的道路。通过对数据的深入挖掘和利用,企业能够更加精准地把握市场动态,满足客户需求,从而在变革中抓住机遇,实现持续创新与发展。

(二)预测性维护

预测性维护是大数据分析与优化技术在电气自动化控制领域中的又一突出应用,该技术通过对设备运行数据的持续、实时监测与深入分析,使企业能够准确预测设备的维护需求及潜在故障点。这种前瞻性的预测能力,允许企业在设备故障发生前采取针对性的预防措施,从而有效避免生产中断,减少昂贵的紧急维修费用。预测性维护的实施,不仅显著提升了设备的运行可靠性和使用寿命,更为企业带来了可观的经济效益。通过减少非计划性的停机时间,企业能够确保生产线的持续稳定运行,进而提高产能和效率。同时,预测性维护还有助于企业实现维护成本的优化分配,将有限的资源投入最需要关注的设备上,从而进一步提升整体的运营效率和市场竞争力。

(三)市场需求预测与响应

在瞬息万变的市场环境中,大数据分析与优化技术为企业提供了强有力的市场需求预测与快速响应能力。通过对海量市场数据、消费者行为模式以及行业发展趋势的深入剖析,企业能够更为精准地把握未来市场的需求动向和变化趋势。这种基于数据的预测能力,使企业能够在激烈的市场竞争中占据先机,及时调整生产计划和产品策略,以满足不断变化的市场需求。同时,大数据分析与优化技术还助力企业实时监测市场动态和消费者反馈,从而快速响应市场变化,提升客户满意度和品牌忠诚度。这种灵活的市场应对策略,不仅有助于企业巩固现有市场份额,更能助其开拓新的市场领域,实现持续的业务增长和利润提升。

四、安全与可靠性的提升

(一)网络安全防护

随着网络技术的不断进步,电气自动化系统所面临的网络威胁也日益增多,这些威胁可能来自恶意攻击、病毒传播或未经授权的访问等。因此,构筑坚固的网络安全防线显得尤为重要。为实现这一目标,需建立完善的防火墙系统,该系统应具备强大的防御能力,能有效阻止外部非法入侵和未经授权的访问尝试,从而保护系统内部数据不被窃取或篡改。同时,采用业界领先的加密技术,如 SSL/TLS 等协议,确保数据在传输过程中的机密性和完整性,防止数据泄露或被截获。此外,定期对系统进行全面的安全漏洞扫描和风险评估,及时发现并修复潜在的安全隐患,也是提升网络安全防护能力的关键措施。这些综合性防护措施,可以显著增强电气自动化控制系统的网络安全性,确保生产流程的稳定运行和数据资产的安全。

（二）容错与冗余设计

容错与冗余设计是提升电气自动化控制系统可靠性的核心技术手段。在复杂多变的工业环境中,系统故障难免发生,因此,如何通过设计手段减少故障对系统运行的影响至关重要。容错设计的核心理念在于通过引入冗余元素和错误检测与恢复机制,使系统在发生故障时仍能维持正常运行或至少保持部分功能。具体而言,可采用硬件冗余,如双机热备、多路径数据传输等方式,确保在关键部件失效时,有备用部件可以无缝接管,从而维持系统的连续性和稳定性。同时,软件层面的容错策略也必不可少,如数据校验机制、异常处理流程等,它们能够在系统出现异常时及时发现并纠正错误,或将错误隔离在局部范围内,防止其扩散至整个系统。

（三）人员培训与应急响应

人员培训与应急响应机制对于保障电气自动化控制系统的安全与可靠运行具有不可忽视的作用。操作人员作为系统的直接使用者和管理者,他们的安全意识和操作技能直接关系到系统的安全状况。因此,定期对操作人员进行系统的安全培训和教育至关重要。这些培训应涵盖系统安全知识、操作规程、应急处理流程等多个方面,旨在提高操作人员的专业素养和安全防范能力。同时,建立健全的应急响应机制也是确保系统安全运行的关键环节。这包括制定周密的应急预案和处置程序,在发生安全事件时能够迅速启动应急响应流程,明确各级人员的职责和协作方式。此外,定期组织应急演练活动也是提升应急响应能力的有效途径,通过模拟真实场景下的安全事件处置过程,可以检验预案的可行性和人员的实战能力。

五、个性化与定制化服务

(一)客户需求分析与定制

在电气自动化控制领域,对客户需求进行深入分析和提供定制化服务已成为行业发展的重要趋势。客户需求分析与定制,其核心理念在于通过对客户具体需求进行详尽剖析,以提供高度个性化的解决方案。这一过程涉及与客户进行密切的沟通与交流,以全面了解其生产流程的独特性、对效率的具体要求,以及成本预算等关键信息。在此基础上,可以为客户量身打造符合其实际需求的电气自动化控制系统。这种定制化的服务不仅满足客户的基本功能需求,更在系统的细节设计上体现对客户个性化需求的深刻理解和关怀。通过这种方式,能够显著提升客户的满意度,进而巩固并提升服务提供商在市场中的竞争地位。

(二)模块化与可扩展性设计

模块化与可扩展性设计在电气自动化控制系统中占据着举足轻重的地位。模块化设计将复杂的系统分解为若干个功能独立、接口标准化的模块,每个模块都承载着特定的功能,并能独立进行开发、测试和升级。这种设计策略不仅简化了系统的复杂性,提高了可维护性,更使得系统能够根据客户的实际需求进行灵活的配置和调整。与此同时,可扩展性设计的引入,使得系统能够轻松应对未来可能出现的新功能需求或容量扩展,从而与客户业务的发展和变化保持同步。这种前瞻性的设计思路,赋予了系统强大的适应性和长久的生命力,为电气自动化控制领域的持续创新和发展奠定了坚实基础。

(三)客户服务与支持

在电气自动化控制系统中,优质的客户服务与支持是提升用户体验和满意度的关键环节。这一服务贯穿售前、售中和售后整个流程,旨在为客户提供全方位、无缝衔接的支持。售前阶段,通过深入的需求分析和专业的咨询服务,帮助客户明确自身需求,并为其量身打造最适合的解决方案。在售中阶段,确保系统的平稳安装与精确调试,同时为客户提供必要的操作与维护培训,以保障系统的顺畅运行。而售后服务则更为关键,通过建立快速响应机制,确保在客户遇到技术难题或系统故障时,能够迅速提供精准的技术支持与高效的维修服务。这种持续且高效的客户服务与支持体系,不仅显著提升了客户的满意度,更为企业赢得了良好的市场口碑,为后续的业务拓展奠定了坚实基础。

第二章　PLC 技术基础

第一节　PLC 的基本概念与特点

一、PLC 的概念

在可编程控制器问世以前,工业控制领域中是以继电器控制占主导地位的。这种由继电器构成的控制系统有着明显的缺点:体积大、耗电多、可靠性差、寿命短、运行速度不高,尤其是对生产工艺多变的系统适应性更差,一旦生产任务和工艺发生变化,就必须重新设计,并改变了硬件结构。这造成了时间和资金的严重浪费。1968 年,美国通用汽车公司(GM 公司)为了在每次汽车改型或改变工艺流程时不改动原有继电器柜内的接线,以便降低生产成本,缩短新产品的开发周期,而提出了研制新型逻辑顺序控制装置,并提出了该装置的研制指标要求,即十项招标技术指标,这十项指标实际上就是当今可编程控制器最基本的功能。

将它们归纳一下,其核心为以下四点:
(1) 用计算机代替继电器控制盘。
(2) 用程序代替硬件接线。
(3) 输入/输出电平可与外部装置直接连接
(4) 结构易于扩展。

美国数字设备公司(DEC)中标并于 1969 年研制出了世界上第一台可编程控制器,并应用于通用汽车公司的生产线上。其当时叫作可编程逻辑控制器 PLC(Programmable Logic Controller),目的是用来取代继电器,以执行逻辑判断、计时、计数等顺序控制功能。紧接着,美国莫迪康公司也开发出了同名的控制器。1971 年,日本从美国引进了这项新技术,很快研制出了日本第一台可编程控制器。1973 年,西欧国家也研制出他们的第一台可编程控制器。

(一)可编程控制器的定义

由于 PLC 在不断发展,因此,对它进行确切的定义是比较困难的。1982年,国际电工委员会(International Electrotechnical Commission, IEC)颁布了 PLC 标准草案,1985 年提交了第 2 版,并在 1987 年的第 3 版中对 PLC 做了如下的定义:PLC 是一种专门为在工业环境下应用而设计的进行数字运算操作的电子装置。它采用可以编制程序的存储器,用来在其内部存储执行逻辑运算、顺序运算、定时、计数和算术运算等操作的指令,并能通过数字式或模拟式的输入和输出,控制各种机械或生产过程。可编程控制器 PLC 实物图如图 2-1-1 所示。

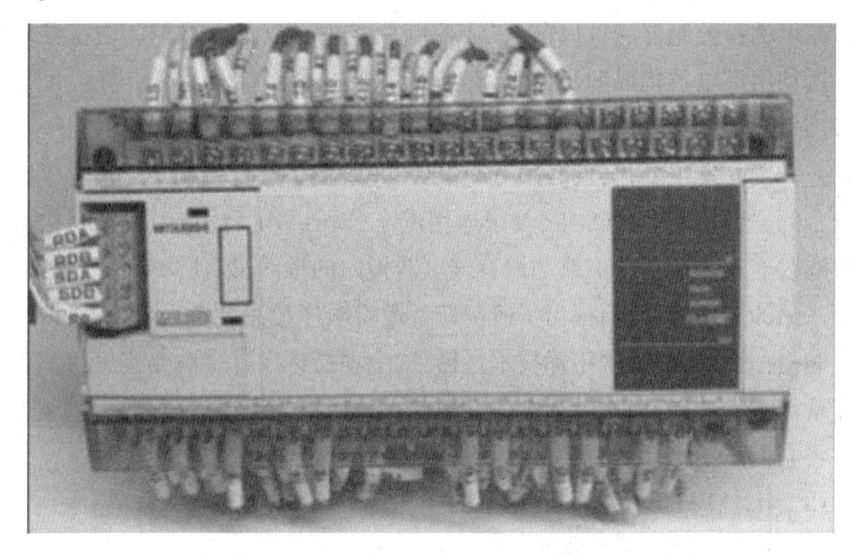

图 2-1-1 三菱 PLC 可编程控制器

(二)可编程控制器的特点

PLC 能如此迅速发展的原因,除了工业自动化的客观需要外,还有许多独特的优点。它较好地解决了工业控制领域中普遍关心的可靠、安全、灵活、方便、经济等问题。其主要特点如下:

1. 编程方法简单易学

梯形图是可编程控制器使用最多的编程语言,其电路符号和表达方式与继电器电路原理图相似。梯形图语言形象直观、易学易懂,熟悉继电器电路图的电气技术人员只要花几天时间就可以熟悉梯形图语言,并用来编制用户程序。梯形图语言实际上是一种面向用户的高级语言,可编程控制器在执行梯形图程序时,应先用解释程序将它"翻译"成汇编语言后再去执行。

2. 功能强,性价比高

一台小型可编程控制器内有成百上千个可供用户使用的编程元件,可以实现非常复杂的控制功能。与相同功能的继电器系统相比,它具有很高的性价比。可编程控制器可以通过通信联网,实现分散控制与集中管理。

3. 硬件配套齐全,用户使用方便,适应性强

可编程控制器产品已经标准化、系列化、模块化,备有品种齐全的各种硬件装置供用户选用,用户能灵活方便地进行系统配置,组成不同功能、不同规模的系统。可编程控制器的安装接线也很方便,一般用接线端子连接外部接线。可编程控制器有较强的带负载能力,可以直接驱动一般的电磁阀和交流接触器。硬件配置确定后,可以通过修改用户程序,方便快速地适应工艺条件的变化。

4. 可靠性高,抗干扰能力强

传统的继电器控制系统中使用了大量的中间继电器、时间继电器。由于触头接触不良容易出现故障,可编程控制器用软件代替大量的中间继电器和时间继电器,仅剩下与输入和输出有关的少量硬件,接线可减少到继电器控制系统的 1/100~1/10,触头接触不良造成的故障大为减少。可编程控制器采用一系列硬件和软件抗干扰措施,具有很强的抗干扰能力,无故障时间在数万小时以上,可以直接用于有强烈干扰的工业生产现场。可编程控制器已被广大用户公认为最可靠的工业控制设备之一。

5. 系统的设计、安装、调试工作量少

可编程控制器用软件功能取代了继电器控制系统中大量的中间继电器、时间继电器、计数器等器件,使控制柜的设计、安装、接线工作量大大减少。可编程控制器的梯形图程序一般采用顺序控制设计法。这种编程方法很有规律,容易掌握。对于复杂的控制系统,梯形图的设计时间比继电器系统电路图的设计时间要少得多。

6. 维修工作量小,维修方便

可编程控制器的故障率很低,且有完善的自诊断和显示功能。可编程控制器或外部的输入装置和执行机构发生故障时,可以根据可编程控制器上的发光二极管或编程器提供的信息迅速地查明产生故障的原因,用更换模块的方法迅速地排除故障。

7. 体积小,能耗低

对于复杂的控制系统,使用可编程控制器后,可以减少大量的中间继电器和时间继电器。小型可编程控制器的体积仅相当于几个继电器的大小,因此可将开关柜的体积缩小到原来的 1/10~1/2。可编程控制器的配线比继电器控制系统的配线少得多,故可以省下大量的配线和附件,减少大量的安装接线工时,加上开关柜体积的缩小,同时也可以节省大量的费用。

二、PLC 的特点

(一)关于 PLC 的灵活性与通用性

PLC 的灵活性与通用性是其核心优势之一。在传统控制系统中,布线逻辑是固定的,一旦生产工艺流程发生变化,往往需要重新进行烦琐的布线工作。这不仅耗时耗力,而且成本高昂。然而,PLC 通过程序替代了传统的布线逻辑,从而大大提高了系统的灵活性和可调整性。当生产工艺需要调整时,用户仅需通过编程软件修改 PLC 内部的用户程序,即可实现新的控制逻辑,无须进行物理布线的更改。这种灵活性使得 PLC 能够迅速适应生产环境的变化,降低因工艺流程变更而产生的成本。此外,PLC 的模块组合式结构进一步增强了其通用性。这种结构允许用户根据实际需求,像搭积木一样灵活地组合和扩展控制系统的规模和功能。无论是增加输入/输出模块以处理更多的信号,还是集成特定的功能模块以实现复杂的控制算法,PLC 都能提供高度的自定义空间。这种模块化的设计不仅简化了系统的维护和升级过程,而且使得 PLC 能够适应各种规模和复杂度的自动化控制需求。

(二)关于 PLC 编程的简易性

PLC 采用了专门的编程语言,这些语言设计的指令集相对较小,但功能强大,易于学习和掌握。特别是梯形图语言,它以一种直观且清晰的方式呈现了控制逻辑,使得具备继电器线路知识的工程技术人员和现场操作人员能够迅速上手。梯形图语言的图形化表达方式,不仅简化了复杂逻辑的可视化过程,还降低了编程的门槛,提高了工作效率。同时,对于熟悉计算机编程的人员来说,PLC也提供了类似于计算机汇编语言的语句表编程语言。这种语言形式使得拥有计算机背景的工程师能够利用他们熟悉的编程结构和语法,更加高效地编写和调试PLC程序。语句表编程语言的引入,不仅丰富了PLC的编程手段,还拓展了其用户群体,进一步提升了PLC在工业自动化领域的通用性和适用性。总的来说,PLC的灵活性与编程的简易性是其成为工业自动化领域重要组成部分的关键因素。这些特点使得PLC能够快速适应不断变化的生产需求,同时降低了学习和使用的难度,为工程技术人员提供了强大的自动化控制工具。

(三)关于PLC的高可靠性与工业环境适应性

PLC以其高可靠性和对各种工业环境的出色适应性而备受推崇。由于PLC主要面向的是复杂的工业生产现场,因此其设计过程中充分考虑了外部干扰因素,并采取了多重安全防护措施。这些措施包括但不限于屏蔽、隔离、滤波以及联锁,它们共同构成了一个强大的防护体系,能够有效地抵御外部干扰,确保PLC在恶劣的工业环境中稳定运行。PLC的高可靠性还得益于其内部元件和器件的严格筛选。这些元件经过精心挑选,具有极高的耐用性和稳定性,从而大大延长了PLC的使用寿命。此外,PLC的软件系统还配备了故障诊断与处理功能,能够在出现问题时迅速定位并解决,进一步增强了系统的稳定性。以三菱的F1、F2系列PLC为例,它们的平均无故障运行时间可达30万小时,而A系列的可靠性更是达到了更高的数量级。为了满足更高的可靠性要求,多机冗余系统和表决系统的开发也取得了显著进展。这些系统能够在主系统出现故障时迅速切换至备用系统,确保生产的连续性和稳定性。这是传统的继电器控制系统所无法比拟的。

(四)关于PLC的简单接口与维护便利性

PLC的输入、输出接口设计充分考虑了现场使用的便捷性,可直接与现场的强电设备相连接。为了满足不同电压等级的需求,PLC提供了24 V、48 V、110 V、220 V等多种交流或直流电压等级的产品供用户选择。这种模块化的接口设计不仅简化了系统的接线过程,还大大提高了系统的可扩展性和可维护性。特别值得一提的是,某些型号的PLC输入、输出模块支持带电插拔功能。这一设计使得维修人员在不停机的情况下就能进行模块的更换和维修，从而极大地缩短了故障修复时间，提高了生产效率。这种维护的便利性在传统的控制系统中是难以实现的，而 PLC 通过其先进的模块化设计和人性化的维护接口，为工业自动化的稳定运行提供了有力的保障。

第二节　PLC 的发展历程与应用领域

一、PLC 的发展历程和趋势

（一）PLC 的发展历程

20 世纪 70 年代初，人们将微处理器技术引入 PLC 中，增加了 PLC 的运算、数据传送及处理功能。此时的 PLC 成为真正具有计算机特征的工业控制装置。20 世纪 70 年代中末期，PLC 进入了实用化发展阶段。此时，由于全面引入了计算机技术，PLC 的性能有了大幅度提高。超快的运算速度，超小型的体积，可靠的工业抗干扰能力，强大的模拟量运算功能，以及极高的性价比奠定了它在现代工业中的地位。20 世纪 80 年代初，PLC 进入了成熟阶段。在这个时期，PLC 的发展呈现出大规模、高速度、高性能、产品系列化的特点。

20 世纪 80 年代至 90 年代中期，PLC 进入发展最快的时期。在这个时期，PLC 的模拟量处理能力、数字运算能力、人机接口能力和网络能力等都有了大幅度提高，并逐渐进入过程控制领域。

如今，PLC 技术已非常成熟，不仅控制功能增强，功耗和体积减小，成本下降，可靠性提高，而且编程和故障检测更为灵活方便。随着远程 I/O（输入/输出）和通信网络、数据处理及图像显示的发展，PLC 成为实现工业生产自动化的三大支柱之一。

表 2-2-1　PLC 的发展历程

时　间	说　明
1968 年之前	用继电器、接触器等实现逻辑控制功能
1968 年	美国通用汽车公司（GM）招标新型工业控制装置，也就是最初的 PLC

续表2-2-1

时间	说明
1969年	美国数字设备公司研制成功第一台PLC
20世纪70年代	PLC在汽车流水线上大量使用
20世纪80年代	PLC采用了微电子处理器技术,并在其他领域推广使用
20世纪90年代	编程语言的标准化与超大规模集成电路的使用,提高了PLC性能,增强了开放性与互换性
20世纪90年代至今	专用逻辑芯片的使用,使得PLC的软件、硬件性能发生了巨大变化

(二)PLC的发展趋势

1. 小型、廉价、高性能

PLC(可编程逻辑控制器)的发展趋势正逐渐倾向于小型化、微型化、低成本及高性能。随着技术的进步,控制系统的这一核心组件——小型及超小型PLC的应用正变得日益普及。据相关数据表明,在美国的机床行业中,超小型PLC已占据近四分之一的市场份额,凸显出其重要的市场地位。众多PLC制造商目前正专注于研发各类小型和微型PLC,以满足市场对于紧凑、高效控制设备的需求。当前PLC技术的发展动向清晰地指向了更小的体积、更快的处理速度、更强大的功能以及更低的成本。这一趋势不仅符合现代工业自动化对于设备高效、精致的需求,也预示着PLC将在更广泛的领域发挥其关键作用。

2. 大型、多功能、网络化

多层次分布式控制系统相较于集中型控制系统,展现出更高的安全性和可靠性,同时在系统设计和组态上也更为灵活便捷,因而成为当前控制系统发展的主流趋势。为了顺应这一发展潮流,众多PLC生产厂家正致力于研发功能更为强大的PLC网络系统。

这类网络系统通常呈现为多级结构,由下至上分别为现场执行级、协调级和组织管理级。在现场执行级,往往由多台PLC或远程I/O工作站共同承担任务;协调级则由PLC或计算机负责中间协调工作;而最上层的组织管理级,则一般由高性能计算机担当,负责全局的组织与管理。各级之间通过工业以太网、MAP网以及工业现场总线等连接方式,紧密地构成了一个完整的多级分布式控制系统。这种系统不仅具备出色的控制功能,还能够实现诸如在线优化、生产过程实时调度、统计管理等多种高级功能,从而成为一种集多种功能于一体的综合性系统。

3. 与智能控制系统相互渗透和结合

随着技术的进步,PLC(可编程逻辑控制器)与计算机的结合已经日益紧密,使得PLC的角色从单一的控制装置转变为控制系统中不可或缺的关键组件。微电子技术和计算机技术的持续革新为PLC与其他智能控制系统的融合提供了更广阔的前景。PLC与计算机的兼容性使得其能够充分利用计算机丰富的软件资源。配备更快速、功能更强大的CPU以及更大容量的存储器,可以进一步提升计算机资源的利用效率。这种技术融合不仅增强了PLC的性能,还为其在复杂控制系统中的应用提供了更多可能性。展望未来,PLC将与工业控制计算机、集散控制系统、嵌入式计算机等先进系统进一步融合,这种跨系统的整合将极大地拓展PLC的应用领域和空间。这种趋势不仅预示着PLC将在工业自动化领域扮演更为重要的角色,同时也为控制系统的设计、开发和维护带来了新的挑战和机遇。

二、PLC的应用领域

(一)工业自动化控制

1. 生产线自动化管理

生产线自动化管理是PLC在工业自动化控制领域的重要应用之一,PLC通过编程实现对生产线上各类设备的精确控制,从而确保生产流程的连贯性和高效性。在生产线自动化管理中,PLC不仅负责设备的启动、停止和速度调节,还承担着数据采集、故障诊断以及生产调度等关键任务。借助PLC的强大功能,企业能够实时监测生产状态,及时调整生产策略,以应对市场需求的快速变化。此外,PLC的引入还显著提升了生产线的柔性和可扩展性,为企业实现智能制造奠定了坚实基础。

2. 设备控制与联动

在工业自动化控制中,设备控制与联动是PLC的另一核心应用,PLC通过对单个或多个设备进行精细化控制,确保各设备之间能够协同工作,实现生产过程的自动化和高效化。在这一过程中,PLC发挥着类似于"大脑"的作用,它接收来自传感器的实时数据,经过处理后向执行机构发出指令,从而驱动设备按照预设的程序进行工作。同时,PLC还支持设备间的联动控制,即根据生产需求自动调整各设备的运行状态,以实现生产线的整体优化。这种设备控制与联动的实现,不仅提高了生产效率,还降低了人为干预的错误率,为企业的持续稳定发展提供了有力保障。

(二)电力系统控制

1. 电网监控与保护

PLC通过集成多种传感器和通信设备,实现对电网各项参数的实时监测,如电压、电流、频率等。这些数据经过 PLC 的处理和分析,能够及时发现电网中的异常情况,如过载、短路等故障。一旦检测到故障,PLC 会迅速触发保护机制,切断故障部分,防止事故扩大,确保整个电力系统的稳定运行。同时,PLC 还能将故障信息及时上报给管理系统,为维修人员提供准确的故障定位和排查依据,从而提高电力系统的维护效率和可靠性。

2. 能源管理与优化

在电力系统控制中,PLC 还承担着能源管理与优化的重要任务。PLC 能够对电力系统中的各类能源进行精确计量和实时监控,包括电能、水能、风能等。通过对这些数据的采集和分析,PLC 能够帮助管理人员全面了解系统的能源使用情况,发现能源浪费的环节和原因。基于这些数据,PLC 还可以运用先进的优化算法,为电力系统提供节能建议和运行策略,从而实现能源的高效利用和降低运行成本。此外,PLC 还可以与智能电表、能源管理系统等设备配合使用,为企业提供更加全面、智能的能源管理解决方案。

(三)交通运输控制

1. 交通信号控制

交通信号控制在现代城市交通管理中占据着举足轻重的地位,而 PLC 作为其核心技术之一,发挥着至关重要的作用。PLC 通过精确编程和时序控制,确保交通信号灯按照既定的规则和时序进行切换,从而有效引导交通流,保障道路交通的安全与顺畅。此外,PLC还能根据实时监测的交通流量数据,动态调整信号灯的配时方案,以应对不同时段的交通需求变化,提高道路的通行效率。

2. 轨道交通控制

轨道交通作为城市公共交通的重要组成部分,其安全、高效运行离不开PLC的精准控制。在轨道交通系统中,PLC负责监控列车的运行状态、控制列车的启停和行进速度,以及确保列车按照预定的时刻表进行准确调度。通过PLC的实时数据处理和快速响应机制,轨道交通系统能够实现列车间的安全间隔控制、紧急制动等关键功能,有效保障乘客的出行安全。同时,PLC还支持远程监控和故障诊断功能,帮助运营人员及时发现并处理潜在问题,确保轨道交通系统的稳定可靠运行。

(四)环境监测与控制

1. 空气质量监测与调控

PLC通过连接空气质量传感器,能够实时监测空气中的关键污染物指标,如颗粒物、二氧化硫、氮氧化物等。这些监测数据经过PLC的处理和分析后,可以提供准确的空气质量状况评估。当污染物浓度超过安全阈值时,PLC能够迅速触发报警系统,并自动调控空气净化设备或通风系统,以降低污染物浓度,改善室内或特定区域的空气质量。这种基于PLC的空气质量监测与调控系统,对于保护公众健康、维护环境安全具有重要意义。

2. 污水处理与控制

在污水处理过程中,PLC发挥着关键的控制作用,PLC通过连接各种传感器和执行器,对污水处理流程中的各个环节进行实时监测和精确控制。这包括污水的流入量、处理药剂的投放量、搅拌速度、沉淀时间等关键参数。PLC能够根据实时监测到的数据,自动调整处理设备的运行状态,确保污水处理过程的高效和稳定。

第三节　PLC 的硬件结构与软件组成

一、PLC 的硬件结构和各部分的作用

PLC 种类繁多,但其组成结构和工作原理基本相同。用 PLC 实施控制,其实质是按控制功能要求,通过程序按一定算法进行输入/输出变换,将这个变换给予物理实现,并应用于工业现场。PLC 专为工业现场应用而设计,采用了典型的计算机结构,它主要由 CPU 模块、电源模块、存储器模块和输入/输出接口模块及外部设备(如编程器)等组成。PLC 的硬件结构框图如图 2-3-1 所示。

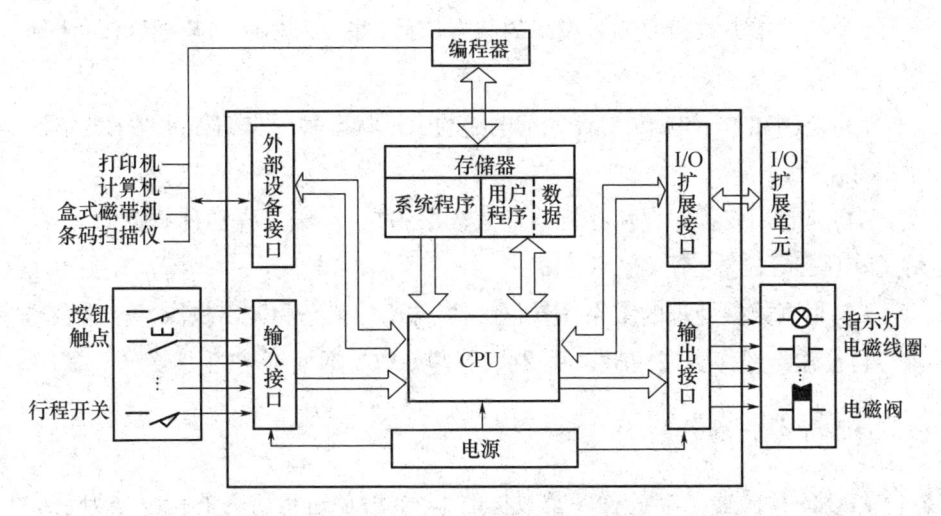

图 2-3-1　PLC 的硬件结构框图

主机内的各部分均通过电源总线、控制总线、地址总线和数据总线连接。根据实际控制对象的需要配备一定的外部设备,可构成不同的 PLC 控制系统。常用的外部设备有编程器、打印机、EPROM 写入器等。PLC 还可以配置通信模块与上位机及其他的 PLC 进行通信,构成 PLC 分布式控制系统。

(一)中央处理器模块(CPU)

中央处理器模块(CPU)一般由控制器、运算器和寄存器组成,这些电路都集成在一个芯片内。CPU 通过数据总线、地址总线和控制总线与存储单元、输

入/输出接口电路相连接。

PLC 中所采用的 CPU 随机型不同而异,通常有三种:通用微处理器(如 808、680286、80386 等)、单片机和位片式微处理器。小型 PLC 大多采用 8 位、16 位微处理器或单片机作为 CPU,具有价格低、通用性好等优点。对于中型的 PLC,大多采用 16 位、32 位微处理器或单片机作为 CPU,如 8086、96 系列单片机,具有集成度高、运算速度快、可靠性高等优点。对于大型 PLC,大多数采用高速位片式微处理器,具有灵活性强、速度快、效率高等优点。

与通用计算机一样,CPU 是 PLC 的核心部件,它完成 PLC 所进行的逻辑运算数值计算及信号变换等任务,并发出管理、协调 PLC 各部件工作的控制信号。CPU 主要作用如下。

(1)接收从编程器输入的用户程序和数据,送入存储器储存。

(2)用扫描方式接收输入设备的状态信号,并存入相应的数据区(输入映像寄存器)。

(3)监测和诊断电源、PLC 内部电路的工作状态和用户编程过程中的语法错误等。

(4)执行用户程序。从存储器逐条读取用户指令,完成各种数据的运算、传送和存储等功能。

(5)根据数据处理的结果,刷新有关标志位的状态和输出映像寄存器表的内容再经输出部件实现输出控制、制表打印或数据通信等功能。

(二)存储器模块

PLC 的存储器是存放程序及数据的地方,PLC 运行所需的程序分为系统程序及用户程序,存储器也分为系统存储器(EPROM)和用户存储器(RAM)两部分。

1. 系统存储器

系统存储器是计算机硬件中的重要组成部分,其主要功能是存储生产厂家编写的系统程序。这些程序被固化在只读存储器(ROM)内,意味着它们被永久性地保存在芯片上,不会因断电或重启而丢失。由于 ROM 的特性,用户无法对这些系统程序进行更改或删除,这保证了系统程序的安全性和稳定性。这种设计使得计算机在启动或重置时,能够快速地加载和执行这些基础的系统指令,为计算机的正常运行提供基础保障;同时,也防止了用户误操作或恶意篡改可能导致的系统崩溃或数据丢失风险。

2. 用户存储器

用户存储器包括用户程序存储区和数据存储区两部分。用户程序存储区存放针对具体控制任务，用规定的 PLC 编程语言编写的控制程序。用户程序存储区的内容可以由用户任意修改或增删。用户程序存储器的容量一般代表 PLC 的标称容量，通常小型机小于 8 kB，中型机小于 64 kB，大型机在 64 kB。以上用户数据存储区用于存放 PLC 在运行过程中所用到的和生成的各种工作数据。用户数据存储区包括输入数据映像区、输出数据映像区、定时器、计算器的预置值和当前值的数据区，以及存放中间结果的缓冲区等。这些数据是不断变化的，但不需要长久保存，因此采用随机读写存储器 RAM。由于随机读写存储器 RAM 是一种挥发性的器件，即当供电电源关掉后，其存储的内容会丢失，因此在实际使用中通常为其配备掉电保护电路。正常电源关掉后，由备用电池为它供电，保护其存储的内容不丢失。

（三）输入/输出（I/O）模块

输入/输出（I/O）模块是 PLC 与工业控制现场各类信号连接的部分，在 PLC 与被控对象间起着传递输入/输出信息的作用。由于实际生产过程中产生的输入信号多种多样，信号电平各不相同，而 PLC 所能处理的信号只能是标准电平，因此必须通过输入模块将这些信号转换成 CPU 能够接收和处理的标准电平信号。同样，外部执行元件如电磁阀、接触器、继电器等所需的控制信号电平也有差别，也必须通过输出模块将 CPU 输出的标准电平信号转换成这些执行元件所能接收的控制信号。

PLC 中 I/O 模块的接口电路结构框图如图 2-3-2 所示。为了提高抗干扰能力，一般 I/O 模块都有光电隔离装置。在数字量 I/O 模块中广泛采用由发光二极管和光电三极管组成的光电耦合器，在模拟量 I/O 模块中通常采用隔离放大器。

来自工业生产现场的输入信号经输入模块进入 PLC。这些信号可以是数字量、模拟量、直流信号、交流信号等，使用时要根据输入信号的类型选择合适的输入模块。由 PLC 产生的输出控制信号经过输出模块驱动负载，如电动机的启停和正反转，阀门的开闭，设备的移动、升降等。和输入模块相同，与输出模块相接的负载所需的控制信号可以是数字量、模拟量、直流信号、交流信号

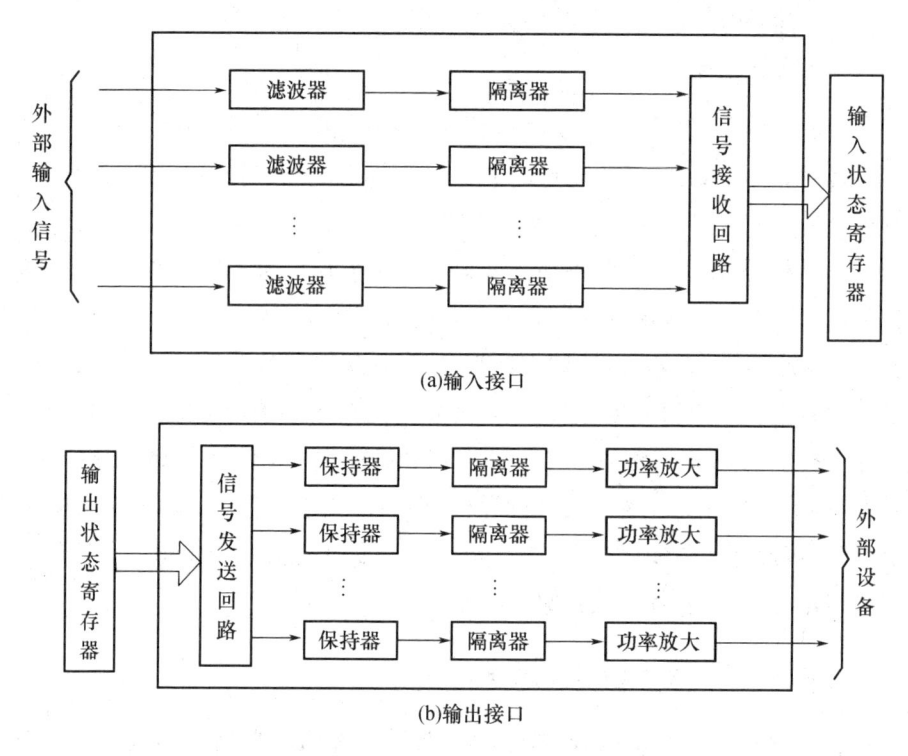

图 2-3-2 输入/输出(I/O)模块的接口电路结构框图

等,因此,同样需要根据负载的性质选择合适的输出模块。

PLC 具有多种 I/O 模块,常见的有数字量 0 模块和模拟量 I/O 模块,以及快速响应模块、高速计数模块、通信接口模块、温度控制模块、中断控制模块、PID 控制模块和位置控制模块等种类繁多、功能各异的专用 I/O 模块和智能 I/O 模块。I/O 模块的类型、品种与规格越多,PLC 系统的灵活性越好;I/O 模块的 I/O 容量越大,PLC 系统的适应性越强。

（四）电源模块

PLC 的电源模块把交流电源转换成供 CPU、存储器等电子电路工作所需要的直流电源,使 PLC 正常工作。PLC 的电源部件有很好的稳压措施,因此对外部电源的稳定性要求不高,一般允许外部电源电压的额定值在-15%~10%的范围内波动。有些 PLC 的电源模块还能向外提供 24V(DC)稳压电源,用于对外部传感器供电。为了防止在外部电源发生故障的情况下,PLC 内部程序和数据等重要信息丢失,PLC用锂电池做停电时的后备电源。

(五)外部设备

1. 编程器

PLC的特点是它的程序是可以改变的,可方便地加载程序,也可方便地修改程序。编程器是PLC不可缺少的设备。编程器除了编程以外,一般都还具有一定的调试及监视功能,可以通过键盘调入及显示PLC的状态、内部器件及系统的参数。它经过I/O接口与CPU连接,完成人机对话操作。PLC的编程器一般分为专用编程器和个人计算机(内装编程软件)两类。

专用编程器有手持式和台式两种。其中手持式编程器携带方便,适合工业控制现场应用。按照功能强弱,手持式编程器又可分为简易型和智能型两类,前者只能联机编程,后者既可联机又可脱机编程。脱机编程是指在编程时,把程序存储在编程器内存储器中的一种编程方式。脱机编程的优点是在编程及修改程序时,可以不影响原有程序的执行,也可以在远离主机的异地编程后再到主机所在地下载程序。

编程软件安装在个人计算机上,可编辑、修改用户程序,进行计算机和PLC之间程序的相互传送,监控PLC的运行,并在屏幕上显示其运行状况,还可将程序储存在存储器中或打印出来等。

专用编程器只能对某一PLC生产厂家的产品编程,使用范围有限。如今PLC以每隔几年一代的速度不断更新换代,因此专用编程器的使用寿命有限,价格一般也比较高。现在的趋势是以个人计算机作为基础的编程系统,由PLC厂家向用户提供编程软件。个人计算机是指IBM PC/AT及其兼容机,工业用的个人计算机可以在较高的温度和湿度条件下运行,能够在类似于PLC运行条件的环境中长期可靠地工作。轻便的笔记本电脑配上PLC的编程软件,很适合在工业现场调试程序。世界上各主要的PLC厂家都提供了使用个人计算机的可编程序控制器编程监控软件,不少厂家还推出了中文版的编程软件,对于不同型号和厂家的PLC,只需要更换编程软件就可以了。

目前IEC61131-3提供了五种PLC的标准编程语言,其中有三种图形语言,即梯形图(Ladder Diagram,LD)、功能块图(Function Block Diagram,FBD)和顺序功能图(Sequential Function Chart,SFC);两种文本语言,即结构化文本(Structured Text,ST)和指令表(Instruction List,IL)。在我国,大家对梯形图、

指令表和顺序功能图比较熟悉,很少有人使用功能块图。结构化文本是一种在传统的 PLC 编程系统中没有的或很少见的编程语言,不过相信以后会越来越多地得到大家的使用。

2. 其他外部设备

PLC 还配有生产厂家提供的其他一些外部设备,如外部存储器、打印机和 EPROM 写入器等。外部存储器是指移动硬盘或 U 盘等移动存储设备,工作时可将用户程序或数据存储在相应的移动存储设备中,作为程序备份。当 PLC 内存中的程序被破坏或丢失时,可将外部存储器中的程序重新装入。打印机用来打印带注释的梯形图程序或语句表程序,以及打印各种报表等。在系统的实时运行过程中,打印机用来提供运行过程中发生事件的硬记录,如记录 PLC 运行过程中故障报警的时间等,这对于事故分析和系统改进是非常有价值的。EPROM 写入器用于将用户程序写入 EPROM 中。同一 PLC 的各种不同应用场合的用户程序可分别写入不同的 EPROM(可电擦除可编程的只读存储器)中去,当系统的应用场合发生变化时,只需更换相应的 EPROM 芯片即可,现在已极少使用了。

二、PLC 的软件组成

(一)梯形图语言

梯形图语言是在传统电器控制系统中常用的接触器、继电器等图形表达符号的基础上演变而来的。它与电器控制线路图相似,继承了传统电器控制逻辑中使用的框架结构、逻辑运算方式和输入输出形式,具有形象、直观、实用的特点。因此,这种编程语言为广大电气技术人员所熟知,是应用最广泛的 PLC 编程语言,是 PLC 的第一编程语言。

如图 2-3-3 所示是传统的电器控制线路图和 PLC 梯形图。

从图中可看出,两种图的基本表示思想是一致的,具体表达方式有一定区别。PLC 的梯形图使用的是内部继电器,定时/计数器等,都是由软件来实现的,使用方便,修改灵活,是原电器控制线路硬接线无法比拟的。

(二)语句表语言

这种编程语言是一种与汇编语言类似的助记符编程表达方式。在 PLC 应

(a)电器控制线路图 (b)PLC梯形图

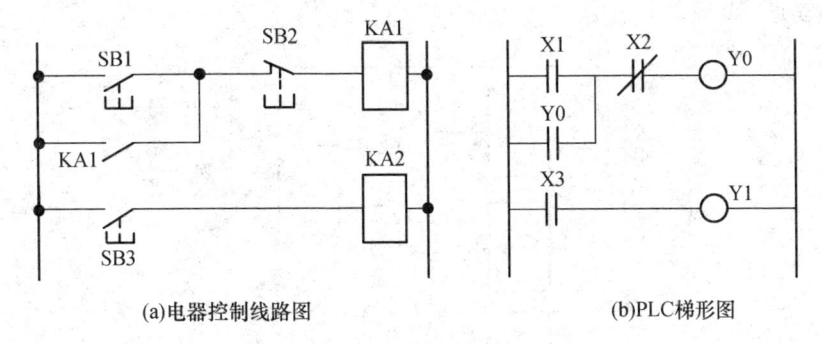

图 2-3-3　电器控制线路图与梯形图

用中经常采用简易编程器,而这种编程器中没有 CRT 屏幕显示,或没有较大的液晶屏幕显示。因此,人们就用一系列 PLC 操作命令组成的语句表将梯形图描述出来,再通过简易编程器输入到 PLC 中。虽然各个 PLC 生产厂家的语句表形式不尽相同,但基本功能相差无几。表 2-3-1 是与图 2-3-3 中梯形图对应的(FX 系列 PLC)语句表程序。可以看出,语句是语句表程序的基本单元,每个语句和微机一样也由地址(步序号)、操作码(指令)和操作数(数据)三部分组成(见表 2-3-1)。

表 2-3-1　语句的组成

步序号	指令	数据
0	LD	X1
1	OR	Y0
2	ANI	X2
3	OUT	Y0
4	LD	X3
5	OUT	Y1

(三)逻辑图语言

逻辑图是一种类似于数字逻辑电路结构的编程语言,由与门、或门、非门、定时器、计数器、触发器等逻辑符号组成。有数字电路基础的电气技术人员较容易掌握,如图 2-3-4 所示。

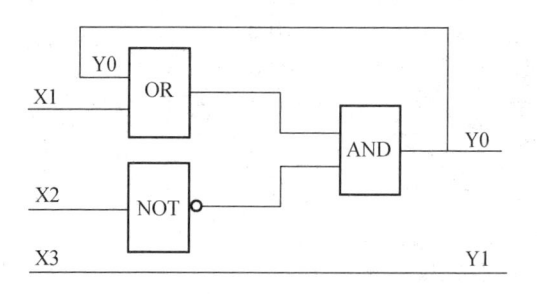

图 2-3-4　逻辑图语言编程

(四)功能表图语言

功能表图语言(SFC 语言)是一种较新的编程方法,又称状态转移图语言。它将一个完整的控制过程分为若干阶段,各阶段具有不同的动作,阶段间有一定的转换条件,转换条件满足就实现阶段转移,上一阶段动作结束,下一阶段动作开始。它是用功能表图的方式来表达一个控制过程,对于顺序控制系统特别适用。

第三章 电气自动化与 PLC 融合技术

第一节 电气自动化系统中 PLC 的集成方法

一、硬件集成

(一) PLC 控制器选择与配置

在硬件集成过程中，PLC 控制器的选择与配置环节要求工程师根据电气自动化系统的具体需求，进行详尽的需求分析，以便选择出功能完备且稳定性高的 PLC 型号。在选择过程中，必须对 PLC 的处理速度、存储容量以及输入输出点数等核心参数进行科学的评估。处理速度决定了 PLC 对控制指令的响应时间，存储容量则关系到系统能够处理的数据量大小，而输入输出点数则直接影响到 PLC 与外部设备的连接能力。配置 PLC 的输入输出模块时，工程师需要确保所选模块与外部设备具有良好的兼容性，这样才能保证数据的顺畅传输和准确控制。同时，考虑到系统未来可能的升级或扩展需求，模块的扩展性也是一个不容忽视的因素。除了硬件方面的配置，PLC 的编程和参数设置同样重要。合理的编程能够实现精准的控制逻辑，使系统能够按照预设的流程稳定运行，而参数设置则关系到系统运行的效率和稳定性，需要根据实际情况进行细致的调整。

(二) 传感器与执行器连接

传感器作为现场数据的采集器，其准确性和稳定性直接影响到整个系统的控制精度。因此，在选择传感器时，必须确保其性能参数满足系统要求，并且与 PLC 控制器具有良好的兼容性。执行器则负责根据 PLC 的指令执行相应的动作，其响应速度和执行精度同样关系到系统的运行效果。在连接过程中，工程师需要严格按照接线规范进行操作，以确保数据传输的可靠性和稳定性。此外,传感器和执行器的校准与调试也是不可忽视的环节。精确的校准,可以确保传感器输出的数据真实反映现场情况;而细致的调试,则可以优化执行器的响应速度和执行精度,从而提高整个系统的运行效率。

(三)电源与接地系统设计

电源与接地系统设计是确保电气自动化系统稳定运行的基础,作为系统的动力来源,电源稳定性直接关系到 PLC 控制器及外围设备的正常工作。在设计电源系统时,工程师需要综合考虑电源容量、电压稳定性以及抗干扰能力等多个因素。电源容量要足够大,以满足系统在高峰时段的用电需求;电压稳定性要好,以避免电压波动导致的设备故障;同时,电源系统还应具备良好的抗干扰能力,以抵御来自外部环境的电磁干扰。接地系统设计的重要性同样不容忽视。合理的接地系统能够有效保护设备免受电气故障和外界干扰的影响,提高系统的安全性和可靠性。在接地系统设计中,工程师需要遵循相关的标准和规范,确保接地电阻的合理性,并采取有效的防雷击和防静电措施。通过精心设计的电源与接地系统,能够为 PLC 控制器及整个电气自动化系统提供一个稳定、安全的工作环境,从而保障系统的长期稳定运行。

二、软件集成

(一)PLC 编程软件开发

PLC 编程软件的开发过程不仅要求工程师具备深厚的编程功底,还需对 PLC 的工作原理和系统的控制需求有深入的理解。在选择编程软件时,工程师需根据项目的具体需求和 PLC 的型号,从众多编程软件中挑选出最为合适的,如广泛使用的 LADDER LOGIC 或 STRUCTURED TEXT 等。这些软件各有特点,能够满足不同复杂程度的编程需求。在编写控制逻辑时,工程师必须确保 PLC 能够精确地响应各种输入信号,并执行相应的控制动作。这需要工程师对系统的控制流程有深入的了解,并能够将这些流程转化为精确、高效的代码。同时,代码的可读性和可维护性也是不容忽视的方面。为了提高这两方面的性能,工程师需要遵循一定的编程规范,采用模块化的编程方法,并添加必要的注释和文档。

(二)HMI(人机界面)设计

HMI 设计在软件集成中发挥着至关重要的作用,一个优秀的 HMI 设计能够显著提升操作员的效率和操作体验,从而降低操作错误率,提高系统的整体性能。在设计 HMI 时,工程师必须充分考虑操作员的使用习惯和需求,以确保界面的直观性和易用性。为了实现这一目标,工程师需要合理安排界面布局,将重要的信息和功能放置在显眼且易于操作的位置。同时,HMI 还应提供丰富的交互功能,以满足操作员在实际工作中的多样化需求。这些功能包括但不限于报警提示、数据录入、历史数据查询等。通过这些功能,操作员可以更加便捷地监控系统的运行状态,及时发现并处理潜在的问题。

(三)数据采集与监控系统(SCADA)集成

数据采集与监控系统(SCADA)的集成是软件集成中不可或缺的一环,SCADA 系统以其强大的实时监控和数据采集能力,为管理人员提供了宝贵的决策支持。在集成 SCADA 系统时,工程师需要确保其与 PLC 系统的无缝对接,以实现数据的实时传输和共享。为了实现这一目标,工程师需要深入了解 SCADA 系统和 PLC 系统的通信协议和数据格式,确保两者之间的数据交换能够准确无误地进行。同时,配置相应的报警和事件记录功能也是必不可少的。这些功能能够在系统出现异常情况时及时发出警报,并记录相关的事件信息,以便管理人员迅速做出响应和处理。通过 SCADA 系统的集成,电气自动化系统的智能化水平和管理效率得到了显著提升。管理人员可以更加便捷地获取生产过程中的关键数据,及时发现并处理潜在的问题。同时,SCADA 系统还可以为企业的安全生产和质量管理提供有力的数据支持,帮助企业实现更加精细化、科学化的管理。

三、网络通信集成

(一)通信协议选择与配置

由于不同的设备和系统往往支持不同的通信协议,因此,在进行集成时,必须根据实际情况,综合考虑多种因素,选择最为合适的通信协议。例如,Modbus、Profinet、Ethernet/IP 等通信协议在工业领域得到广泛应用,它们各自具有独特的优势和适用范围。在选择通信协议时,应全面评估其传输速度、稳定性、兼容性以及成本等关键因素,以确保所选协议能够满足系统的实际需求。配置通信协议时,则需要细致入微地确保各个设备之间的参数设置保持一致。这包括设备地址、波特率、数据位、停止位等关键参数的配置,任何一个参数的错误设置都可能导致通信失败或数据传输错误。因此,工程师在进行配置时,必须严格按照设备说明书和协议规范进行操作,以确保各个设备能够顺畅地进行数据交换和通信。

（二）远程监控与数据传输

随着网络技术的不断发展,用户对于电气自动化系统的远程监控需求日益增强。通过远程监控,用户可以在任何地点、任何时间实时查看和控制系统的运行状态,这对于提高系统的管理效率和响应速度具有重要意义。数据传输则是实现远程监控的关键环节。只有确保监控数据的实时性和准确性,用户才能及时了解系统的真实运行情况,并对异常情况做出快速响应。为实现这一目标,需要借助先进的网络技术,如虚拟专用网络(VPN)、云计算等,来搭建稳定可靠的远程监控平台。利用技术手段,可以确保数据传输的安全性、可靠性和高效性,从而为用户提供优质的远程监控体验。

（三）网络安全策略

鉴于电气自动化系统所涉及的信息往往关乎企业的核心竞争力与运营安全,因此,保护网络通信的安全显得尤为关键。为实现这一目标,必须构建多层次、全方位的网络安全防护体系。具体而言,建立高效的防火墙是首要之举,它能够有效过滤并阻挡外部网络中的恶意攻击与非法访问。此外,采用先进的加密技术对数据进行传输与存储过程中的加密处理,可确保数据的机密性与完整性。同时,通过设置严格的访问权限,能够进一步细化对网络资源与敏感信息的控制,防止未经授权的访问与操作。更为关键的是,定期的网络安全检查与评估工作同样不可或缺。通过对网络系统的全面检测与深入分析,可以及时发现并修补潜在的安全漏洞,从而持续提升整个网络通信环境的安全防护能力。

（四）故障诊断与远程维护

随着电气自动化系统的复杂性和规模不断提升,如何快速准确地诊断并处理故障成为确保系统持续稳定运行的关键。借助先进的网络通信技术,可以实现对远程设备的实时监控与故障诊断,极大地提高了故障处理的效率与准确性。具体而言,通过远程诊断工具,工程师能够实时获取系统的运行状态与关键参数,利用数据分析技术准确判断故障类型与原因。同时,结合远程维护技术,工程师可以迅速对故障进行修复或进行必要的系统优化调整,无须现场干预,从而大幅降低了维护成本与时间成本。这种基于网络通信的故障诊断与远程维护模式不仅显著提升了电气自动化系统的可用性与可靠性,更为企业带来了前所未有的运营便利与经济效益。

四、系统集成测试与调试

(一)功能测试

功能测试作为系统集成测试的核心组成部分,其主旨在于全面验证系统各项功能是否严格遵循设计要求并得以正确实现。这一环节对于确保系统质量至关重要,因为它能够直接反映出系统是否能够满足用户的实际需求。在进行功能测试时,必须对系统的每一个功能模块进行深入且细致的测试。这涵盖了控制逻辑、数据处理、通信接口等关键部分,以确保每个模块都能按照预期工作。为了达到这一目的,测试人员需要精心设计一系列测试用例,这些用例应能模拟出各种实际操作场景,从而全面检验系统在各种可能遇到的情况下的响应能力。通过这种方法,测试人员可以及时发现并指出系统中潜在的问题或缺陷,进而为开发团队提供修正的方向,不仅有助于提升系统的整体质量,还能确保系统在实际运行中更加稳定、可靠,从而满足用户的期望和需求。

(二)性能测试

与功能测试不同,性能测试主要聚焦于评估系统在特定负载条件下的各项性能指标,如响应速度、稳定性和资源利用率等。这些指标对于衡量系统的整体表现至关重要,因为它们直接关系到用户在使用系统时的实际体验。为了获取这些关键性能指标,测试人员需要通过一系列专业的测试工具和方法,模拟出多用户并发操作、大数据量处理等实际应用场景。在这些模拟场景下,系统所承受的压力与挑战能够真实反映出来,从而帮助测试人员全面了解系统在不同负载下的行为表现。通过这种方式,性能测试不仅能够有效识别出系统的性能瓶颈,还能为后续的优化工作提供明确的方向和有力的数据支持。经过严格性能测试的系统,在实际应用中无疑将为用户提供更加流畅、稳定的操作体验,进而提升用户的整体满意度。

(三)故障模拟与恢复测试

故障模拟与恢复测试在系统集成测试中占据着举足轻重的地位,它是确保系统鲁棒性、提升系统可靠性的关键环节。在这一阶段,测试人员会采取一系列措施,故意引入各种可能的故障情况,旨在全面检验系统在异常情况下的容错能力和恢复机制。这些故障情况包括但不限于电源中断、网络故障、数据丢失等,每一种故障都可能对系统的稳定运行构成威胁。通过精心设计和实施故障模拟,测试人员能够模拟出真实环境中的异常情况,从而验证系统在面临这些突发问题时的应对策略是否有效。这种测试方法不仅有助于暴露系统中潜在的问题和弱点,更能为开发团队提供宝贵的改进意见和建议;同时,故障模拟与恢复测试还为制订应急预案提供了实践依据,确保系统在发生故障时能够迅速、准确地恢复到正常状态,最大程度地减少损失和影响。

(四)调试与优化

调试与优化是系统集成测试的收尾阶段,也是确保系统性能达到最佳状态、提升用户体验的关键步骤。在这一阶段,测试人员会充分利用之前的测试结果和反馈信息,对系统中存在的问题进行逐一排查和深入分析。通过精确的调试过程,他们能够定位并修复那些影响系统性能和稳定性的根本原因,从而显著提升系统的整体质量。与此同时,优化工作也同步展开。测试人员会对系统的各项参数进行细致的调整和优化,以提高系统的运行效率和响应速度。这包括优化代码结构、减少资源消耗、提升数据处理能力等多个方面。调试与优化的有机结合,可以确保系统集成后的性能不仅满足设计要求,更能在实际应用中展现出卓越的表现,为用户提供更加优质、高效的服务体验。

第二节　PLC 与传感器、执行器的接口技术

一、传感器与 PLC 的接口技术

（一）传感器接口概述

1. 传感器接口的功能

传感器接口在工业自动化控制系统中扮演着举足轻重的角色，其功能主要体现在数据的采集与转换上。传感器，作为感知外部环境变化的关键元件，其输出的信号需通过接口准确、高效地传输至控制系统。传感器接口不仅负责将传感器的模拟或数字信号转换成控制系统能够识别的格式，还承担着信号调理、放大及滤波等任务，以确保传输数据的准确性和稳定性。此外，传感器接口还具备一定的故障检测与隔离功能，能够在传感器发生故障时及时发出警报并切断故障传感器与系统的连接，从而保护整个控制系统的安全稳定运行。

2. 传感器接口的重要性

传感器接口在工业自动化控制系统中具有不可或缺的重要性，它是连接传感器与控制系统的桥梁，承担着数据采集、信号转换与传输等核心任务。一个性能优良的传感器接口能够确保传感器数据的准确传输，为控制系统的决策提供可靠依据。同时，传感器接口的稳定性和可靠性直接关系到整个控制系统的运行效率和安全性。若传感器接口设计不当或出现故障，将导致数据传输错误或中断，进而影响控制系统的正常运行，甚至可能引发安全事故。

（二）传感器与 PLC 连接方式

1. 有线连接方式

有线连接方式是传感器与 PLC 之间最为常见且稳定的连接手段，这种连接方式通过物理电缆将传感器与 PLC 直接相连，确保数据传输的稳定性和实时性。有线连接不仅提供了高速、高带宽的数据传输通道，还能有效抵抗外界干扰，保证信号的完整性和准确性。在实际应用中，常用的有线连接方式包括

RS-232、RS-485、CAN 总线等通信协议。这些协议都具备长距离、高速率和多分支结构的特点,非常适用于工业环境中复杂的数据传输需求。此外,有线连接方式还具备成本低、维护方便等优势,因此在工业自动化领域得到了广泛应用。

2. 无线连接方式

无线连接方式是随着无线通信技术的快速发展而兴起的一种连接方式,它通过无线电波实现传感器与 PLC 之间的数据传输,摆脱了有线连接方式的物理限制,使得数据传输更加灵活和便捷。无线连接方式的优势在于无须铺设电缆,减少了布线成本和施工难度,特别适用于布线困难或移动性要求高的应用场景。目前,常用的无线通信技术包括 ZigBee、Wi-Fi、蓝牙等,这些技术各具特点,可根据实际需求选择适合的通信协议。然而,无线连接方式也面临信号干扰、传输延迟等问题,因此在设计时需要充分考虑这些因素,确保数据传输的稳定性和可靠性。

(三)传感器信号转换技术

1. 模拟信号转数字信号技术

模拟信号转数字信号技术,即模数转换(ADC),是传感器接口中的核心技术之一,该技术主要将传感器输出的连续模拟信号转换为离散的数字信号,以便于 PLC 等数字控制系统进行处理。模数转换过程中,需要采用合适的采样频率对模拟信号进行采样,并通过量化与编码将采样值转换为二进制数字量。这一技术的精度和速度直接影响到传感器数据的准确性和实时性。随着技术的发展,高精度、高速率的模数转换器不断涌现,为工业自动化控制系统提供了更为可靠的数据来源。

2. 数字信号处理技术

数字信号处理技术是对数字信号进行各种运算、变换和分析的技术。在传感器与 PLC 的接口中,数字信号处理技术主要用于对模数转换后的数字信号进行进一步的处理,如滤波、放大、线性化等,以提高信号的质量和可用性。这些处理技术可以有效地去除信号中的噪声和干扰,提取出有用的信息,从而确保 PLC 能够准确地接收并处理传感器的数据。随着数字信号处理算法的不断进步和硬件性能的提升,数字信号处理技术在工业自动化领域的应用将越来越广泛。

(四)传感器接口电路设计

1. 接口电路原理图设计

接口电路原理图设计是传感器接口电路设计的基础环节,涉及对电路整体架构的规划和各个电路元件之间的连接关系。在设计过程中,需根据传感器的输出信号特性、PLC 的输入要求以及实际应用场景的需求,确定合适的电路拓扑结构和信号处理流程。原理图设计不仅要确保电路功能的实现,还需考虑电路的可靠性、稳定性和抗干扰能力。人们通过详细分析传感器信号的特点,选择合适的电路元件,并合理规划信号流向,从而构建出一个高效、可靠的传感器接口电路原理图。

2. 关键元器件选择与参数计算

在传感器接口电路设计中,关键元器件的选择与参数计算至关重要,元器件的性能直接影响到接口电路的整体性能,因此需要根据电路的工作原理和性能指标,精心选择适合的元器件。同时,对元器件的参数进行准确计算,以确保电路在正常工作时能够满足预定的性能指标。这包括电阻、电容、电感等被动元件的选型和参数匹配,以及运算放大器、比较器等主动元件的选择和配置。

3. 电路布局与走线设计

电路布局与走线设计是传感器接口电路设计中的关键环节,它直接影响到电路的性能和可靠性。合理的布局和走线可以减少电路中的干扰和噪声,提高信号的传输质量。在设计过程中,需要考虑元器件之间的相对位置,以减少信号在传输过程中的衰减和失真。同时,走线的宽度、间距和转折角度等也需要经过精心设计,以降低电磁干扰和信号反射等不良影响。此外,还需遵循相关的电路设计规范和标准,确保电路布局与走线设计的合理性和可行性。

二、执行器与 PLC 的接口技术

(一)执行器接口概述

1. 执行器接口定义与功能

执行器接口是工业自动化系统中至关重要的组成部分,它定义为连接控制系统与执行器设备的硬件和软件接口。执行器接口的主要功能是将控制系统的指令转换成执行器能够理解和执行的信号,从而实现对工业过程的精确控制。具体来说,执行器接口负责接收来自控制系统的数字或模拟控制信号,然后将其转换成适合执行器的动作指令,驱动执行器进行相应的操作,如开启、关闭阀门、调节流量等。此外,执行器接口还可能具备反馈功能,将执行器的状态或位置信息传回控制系统,以实现闭环控制。

2. 执行器接口的重要性

执行器接口直接关系到控制系统的指令能否准确、及时地传达给执行器,并转化为实际的工业动作。一个稳定、高效的执行器接口能够确保控制系统的精确性和实时性,进而提高整个工业过程的自动化水平和生产效率。反之,如果执行器接口设计不当或出现故障,将可能导致控制系统的指令无法正确执行,进而影响工业过程的稳定性和安全性。

(二)执行器与 PLC 连接方式

1. 直接连接方式

直接连接方式是指执行器与 PLC 之间通过物理线路直接相连,无须中间设备或转换器。这种连接方式具有简单、直接的特点,减少了信号传输的延迟和误差。在直接连接方式中,PLC 的输出端口与执行器的控制端口通过电缆直接相连,PLC 发出的控制信号直接作用于执行器,驱动其进行相应的动作。这种连接方式适用于距离较近、环境干扰较小的场合,能够确保信号的快速传输和准确执行。然而,直接连接方式也存在一定的局限性,如布线复杂、扩展性较差等。

2. 间接连接方式

间接连接方式是指执行器与 PLC 之间通过中间设备或转换器进行连接。这种连接方式适用于距离较远、环境干扰较大的场合,或者需要连接多个执行器的情况。在间接连接方式中,PLC 的输出信号首先传输到中间设备或转换器,然后再由中间设备或转换器将信号转换为适合执行器接收的格式,最后传输给执行器。这种连接方式可以有效解决长距离传输中的信号衰减和干扰问题,提高了信号的稳定性和可靠性。同时,通过中间设备或转换器的扩展功能,可以方便地连接多个执行器,实现更复杂的控制需求。然而,间接连接方式也增加了系统的复杂性和成本。

(三)执行器控制信号传输技术

1. 模拟控制信号传输

模拟控制信号传输是执行器控制中常用的一种信号传输方式,在这种方式下,控制信号以连续变化的模拟量形式进行传输,如电压或电流信号。模拟信号能够反映被控制量的连续变化状态,提供较为平滑的控制效果。在传输过程中,模拟信号需要借助适当的电缆和接口电路,以确保信号的稳定性和准确性。尽管模拟信号传输技术成熟且应用广泛,但它也面临着一些挑战,如信号衰减、干扰和噪声等问题。

2. 数字控制信号传输

数字控制信号传输是近年来随着数字技术的快速发展而兴起的一种信号传输方式,在这种方式下,控制信号被转换成离散的数字量进行传输,如二进制代码。数字信号具有抗干扰能力强、传输距离远、易于存储和处理等优点。在数字控制信号传输中,常采用串行通信或网络通信等技术实现信号的传输。这些技术不仅提高了信号的传输效率,还增强了系统的灵活性和可扩展性。数字控制信号传输技术的广泛应用,为工业自动化控制系统的发展带来了新的机遇和挑战。在实际应用中,需要充分考虑数字信号的传输延迟、数据同步等问题,以确保控制系统的实时性和稳定性。

(四)执行器接口调试与优化

1. 接口调试流程与方法

执行器接口的调试是确保控制系统与执行器之间协同工作的关键环节,调试流程通常包括准备阶段、初步检查、功能测试以及问题诊断与解决。在准备阶段,需要明确调试目标、准备必要的测试工具和文档。初步检查涉及对接口硬件的连接、电源供应以及通信线路的确认。功能测试则通过发送控制指令并观察执行器的响应来验证接口的正常工作。若遇到问题,需通过诊断工具定位故障点,并采取相应的解决措施。调试方法包括使用示波器、逻辑分析仪等设备来捕捉和分析信号,以及利用软件调试工具来监控和修改接口参数。通过这些调试流程与方法,可以确保执行器接口的稳定性和可靠性。

2. 性能优化策略与实施

优化策略主要包括减少信号传输延迟、提高抗干扰能力以及增强接口的可扩展性。实施这些策略的具体方法包括选用高性能的硬件组件,如高速的通信接口芯片和低延迟的数据传输线缆,以减少信号传输时间。同时,采用差分信号传输、光电隔离等技术手段可以有效提升接口的抗干扰能力。此外,设计模块化的接口结构,方便未来对接口进行扩展和升级。在实施性能优化时,还需综合考虑成本、功耗以及系统的整体性能要求,以达到最佳的优化效果。

三、接口电路的抗干扰设计

(一)滤波技术应用

1. 电源滤波设计

电源滤波设计是电子系统中不可或缺的一环,其主要目的是抑制电源线路上的噪声和干扰,确保电源信号的纯净与稳定。在电源滤波设计中,通常采用电容器、电感器和电阻器等无源元件构成滤波电路,以滤除电源中的高频噪声和瞬态干扰。这些元件的参数选择和布局对于滤波效果至关重要,需根据电源系统的特性和要求进行精细设计。此外,现代电源滤波技术还涉及有源滤波器的应用,通过集成电路或专用芯片实现更为复杂和高效的滤波功能。电源滤波设计的优劣直接影响到电子系统的性能和稳定性,因此在电子产品设计过程中占据重要地位。

2. 信号线滤波设计

信号线滤波设计是针对传输信号的线路进行滤波处理,以减少信号在传输过程中受到的干扰和噪声。在高速、高精度的信号传输中,信号线滤波尤为重要。这种设计通常包括在信号线路上串联电容器、电感器等元件,构成低通、高通或带通滤波器,以滤除不必要的高频分量或抑制特定频率的干扰。同时,对于差分信号等特殊传输方式,还需考虑信号的平衡性和对称性,确保滤波电路不会对信号造成失真或引入新的干扰。信号线滤波设计的目标是提高信号传输的质量和可靠性,保障电子系统的正常运行。

(二)屏蔽与接地技术

1. 屏蔽技术应用

屏蔽技术在电子系统中被广泛应用,主要用于减少电磁干扰(EMI)的影响,通过采用金属屏蔽罩、屏蔽线缆或特殊的屏蔽材料,可以有效地隔离内外部的电磁场,从而保护敏感电路不受外界干扰。同时,屏蔽还能防止内部电路产生的电磁辐射对外部环境造成干扰。在实施屏蔽技术时,需综合考虑屏蔽效能、成本以及可能对系统性能的影响。此外,屏蔽体的设计也十分重要,包括其形状、尺寸和材料选择等,这些因素都会直接影响屏蔽效果。因此,屏蔽技术应用是一个需要综合考虑多种因素的复杂过程。

2. 接地系统设计与实施

接地系统是确保电子设备安全运行的关键部分,不仅能为电流提供一个低阻抗的回流路径,从而保护人身安全,还能有效地泄放静电电荷,减少电磁干扰。在接地系统的设计与实施过程中,需要综合考虑设备的电气特性、环境条件以及安全标准。通常,接地系统包括设备接地、保护接地和信号接地等部分,各部分的设计需满足相应的电气和安全要求。此外,接地系统的实施还需注意接地电阻的控制、接地线的布局和连接方式等细节,以确保接地系统的有效性和可靠性。接地系统的设计与实施是一个系统性工程,需要严格遵循相关标准和规范进行。

第三节 PLC 在自动化生产线中的应用实例

一、PLC 编程在自动化生产线中的基础应用

(一)输入/输出处理

PLC 编程的首要任务之一是处理输入和输出。在自动化生产线中,各种传感器和开关装置通过输入信号将信息传递给 PLC。PLC 编程负责监控这些输入信号,并根据预定的逻辑条件做出相应的反应。例如:当温度传感器检测到过热时,PLC 可以触发紧急停机程序,以防止设备过热或火灾的发生。此外,PLC 还可以控制输出信号,如启动电动机、打开阀门或触发报警。

(二)控制

逻辑控制是PLC编程的核心。PLC编程流程图如图3-3-1所示。PLC使用逻辑指令来决定在不同情况下采取何种行动。这些逻辑指令包括与、或、非等逻辑运算,以及条件语句(如if-else语句)。通过这些指令PLC可以实现复杂的控制逻辑,以确保生产线的顺利运行。例如:当生产线上的产品数量达到一定值时,PLC可以自动停止生产以避免过量生产。总之,在自动化生产线中,PLC编程的基础应用涵盖了输入/输出处理、逻辑控制、定时/计数功能以及简单的数据处理等。

以上这些使PLC编程成为现代工业中不可或缺的一部分,能够确保生产线的稳定运行、提高生产效率,并提供数据支持决策和优化。PLC编程的专业性和严谨性确保了自动化生产线的可靠性和安全性,使其成为自动化制造领域的关键技术之一。

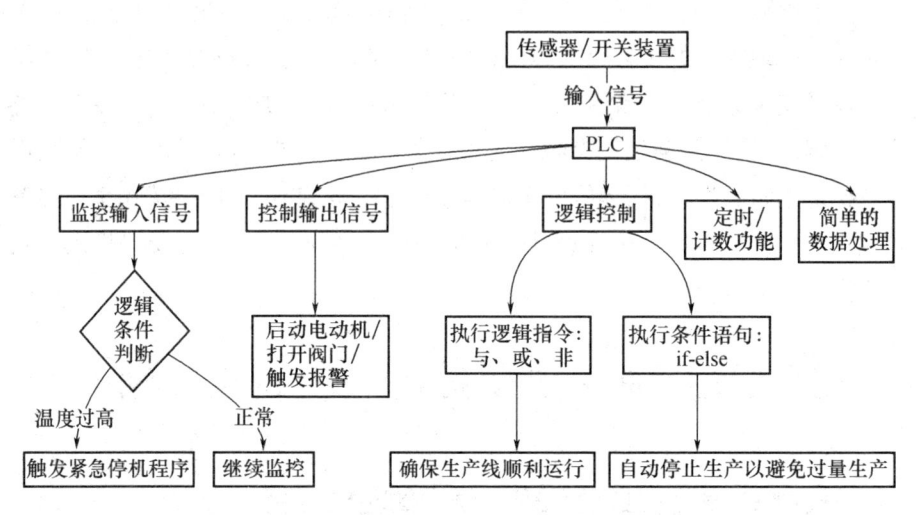

图3-3-1 PLC编程在自动化生产线中的基础应用流程图

二、PLC技术在自动化生产线中的应用

(一)自动化生产线构建

在自动化生产线中应用PLC技术,首要任务是构建针对该生产线的整体框架。该过程中,需对生产过程中所涉及的设备及其功能指令进行全面整合,

进而利用 PLC 技术实现统一的管理与控制。PLC 自动化生产线的核心目标在于替代频繁且易出错的人工操作，从而提升产品的生产质量。在构建生产线时，应遵循简约化和精准化的原则，及时剔除控制程序及生产系统中的冗余部分，以确保整个系统的高效运行。同时，设备的选择需基于自动化生产线构建的成本预算，并结合现场设备的控制特性，完成 PLC 技术的程序汇编。这不仅能有效替代传统的人工操作方式，还能在整体上提升生产线的经济效益。此外，基于 PLC 技术构建自动化生产线的过程中，必须保证生产线上的每一台生产设备都具备数据接收与传输的功能。这一功能的实现依赖于网络信号传输技术，它能使设备远程接收并执行指令，从而确保各生产设备与控制系统的先进性和实时性。通过这种方式，PLC 技术能够在自动化生产线中发挥最大的效用，进一步提升生产效率和产品质量。

（二）自动化生产线 PLC 技术功能分析

在自动化生产线的基础上，应用 PLC 技术以实现核心控制操作，需要对技术内部功能进行精心选择，并将 PLC 技术内的软件设备进行有机融合，以确保软件控制系统与机械设备能够形成一个协调统一的整体。PLC 技术的应用基础在于编程，通过精确编程，PLC 内部的核心处理设备能够统一录入各生产设备传输的数据，并将这些数据传输至计算机中进行操控分析。这一过程实现了有效的远程自动化生产控制，并对自动化生产过程中各设备的远程运行状态进行实时监控。在自动化生产线中应用 PLC 技术，其主要功能可以归结为两种：一是对生产状态进行实时监控，确保生产过程的顺畅进行；二是对自动化生产线中的设备进行远程监控，以保障生产过程的安全性。在自动化生产线的运行中，PLC 技术展现出了功能的融合性，将管理、控制和监控功能集成为一个整体，共同应用于自动化生产线的远程管理控制阶段。PLC 技术的自动控制功能尤为关键，它能够有效地替代人工作业，提高生产效率。在生产过程中，一旦设备出现运行参数异常的情况，PLC 系统能够迅速感知并在内部发出故障报警，从而及时避免设备故障而引发的安全问题，确保生产的顺利进行。

三、PLC 在上卸料自动化生产线中的应用研究

(一)控制程序的总体设计

1. 系统总体程序流程图

如图所示,图 3-3-2 为系统总体程序流程图。上卸料自动化生产线系统自动运行时,系统主要分为设备端运行与辅助机械臂端运行,两个运行端之间通过逻辑配合,实现系统功能。

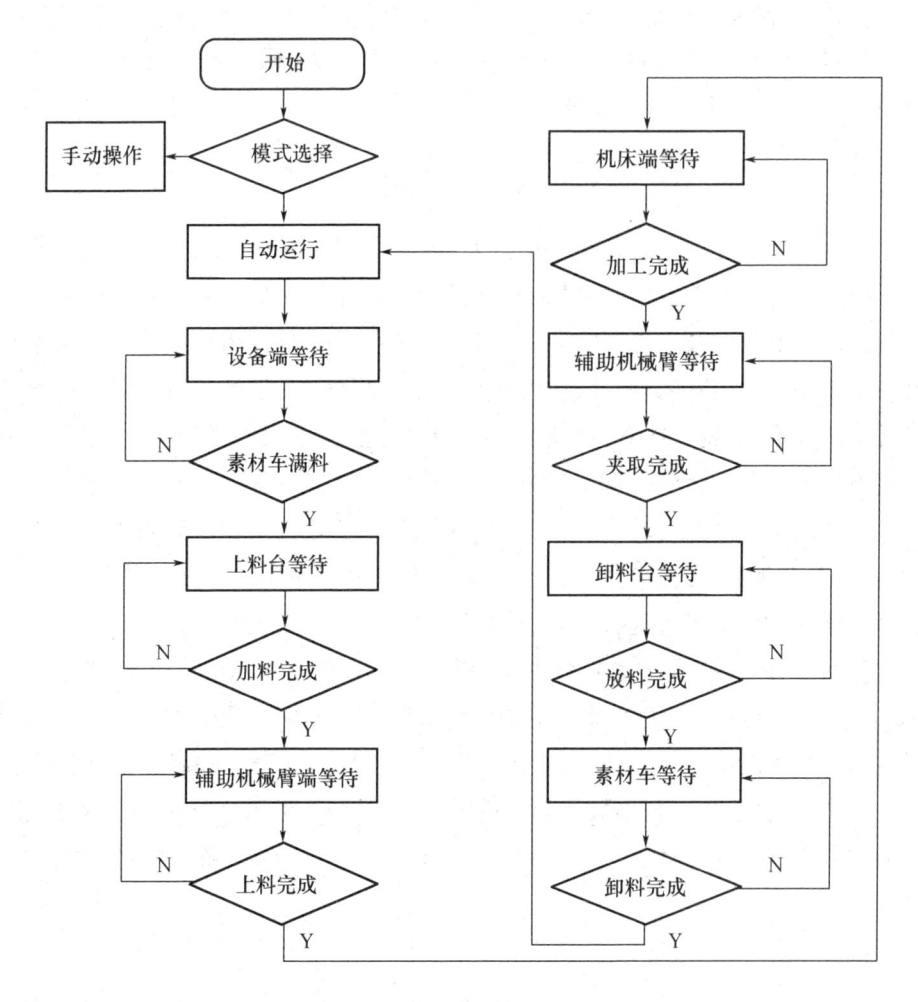

图 3-3-2 系统总体程序流程图

第三章　电气自动化与PLC融合技术

为方便生产车间操作人员操作,进行程序设计时,系统模式可供操作人员进行选择,系统共分为手动操作与自动运行两种模式。在系统自动运行模式下,操作人员需对设备上次使用情况进行原点确认操作,相应机构元件未完成原点回归确认,系统将不能开始自动运行操作。原点回归确认完成,自动运行开始,设备端等待自动运行信号,设备开始从素材车取料,将素材车物料块推到上料物料台,完成设备端上料工序,等待辅助机械臂端夹取物料块,机械臂端收到设备端上料信号,机械臂将物料块送至机床加工中心,生产线整个上料工序完成。加工完成,辅助机械臂等待抓取信号,机械臂接收信号开始运行,同时给设备端发送接收信号,设备端气爪与机械臂配合,物料块卸料至设备端,再由设备端完成卸料功能,系统总体循环一次,完成整个生产线工序,设备端卸料完成,系统进入循环运行,实现生产线自动化运转功能。

2. 上料机构程序流程图

如图所示,图3-3-3为上料机构程序流程图。图中设备上料物料台加料完成,辅助机械臂接收信号,夹取完毕至机床加工中心为总体上料流程。设备端在系统自动运行时,同样需要对设备端进行原点回归确认操作,复位完成,系统程序向下运行,设备单次物料上料完成,系统进入循环运行,保证上料物料台满仓。总体上料流程主要实现设备端与辅助机械臂端连接,同时设备端按程序进入自动化程序控制运行。

3. 翻转机构程序流程图

如图所示,图3-3-4为翻转机构程序流程图。翻转机构运行需等待机械臂端的信号,当机械臂从机床加工中心把加工完毕的物料块取出移动到设备端侧,机械臂给翻转机构一个接收信号,翻转机构收到信号,翻转夹紧缸开始动作,MGP上升,等待机械臂端将加工完成的物料块放置于气爪垫片上,放置完毕,机械臂离开,MRHQ夹紧同时旋转180度,若翻转过程角度不到位,则一直为保持状态。增加翻转角度到位判断,主要是为了保证在翻转过程中物料块上的切屑液滴入接油盘,同时保证加工完成后的物料块CG63字样在物料块上方显示。翻转到位,系统按程序向下运行,物料块放置于卸料槽,完成单次物料块翻转工序,翻转机构复位,系统进入循环运行。

4. 卸料机构程序流程图

如图所示,图3-3-5为卸料机构程序流程图。卸料过程主要为设备端进

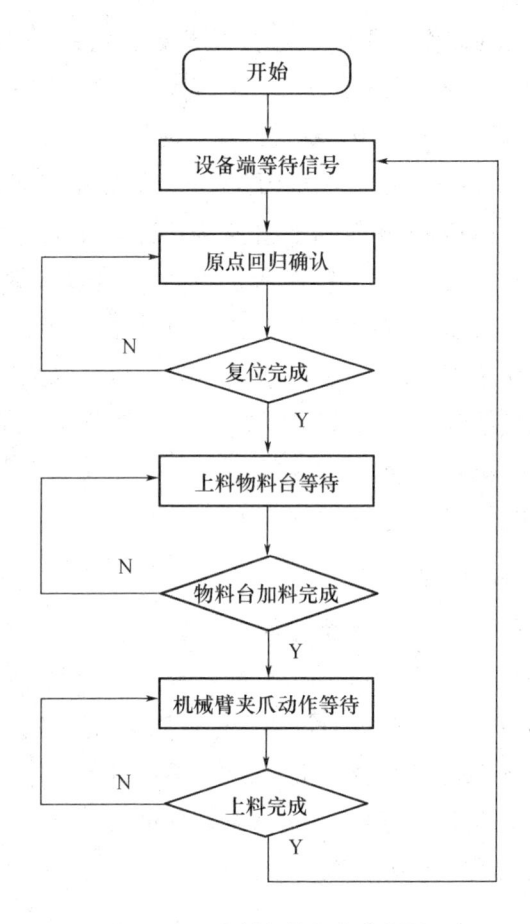

■ 电气自动化控制与 PLC 技术的实验与应用研究

图 3-3-3 上料机构程序流程图

行,翻转机构将加工完成后的物料块放置于卸料槽为卸料部分工序,即从生产线搬运至设备端,再由设备端进行物料块的卸料工序。设备卸料槽有加工完成的物料块时,卸料机构开始动作,卸料单本气缸在设定好的行程导轨上进行移动,卸料单本气缸移动到行程导轨末端为到位标志,卸料单本气缸才能在卸料槽上进行单本物料块推入动作,由于物料托盘为 4×7 排列,因此卸料槽单排为四个物料块时,卸料槽为满料状态。满料状态,卸料单列气缸开始动作,卸料单列气缸将物料块经卸料槽整列推入素材车。素材车单层托盘物料块为七列摆放时,单层物料托盘为满料状态,设备端托盘上升气缸带动物料托盘上升,卸料机构复位,循环进行卸料过程。

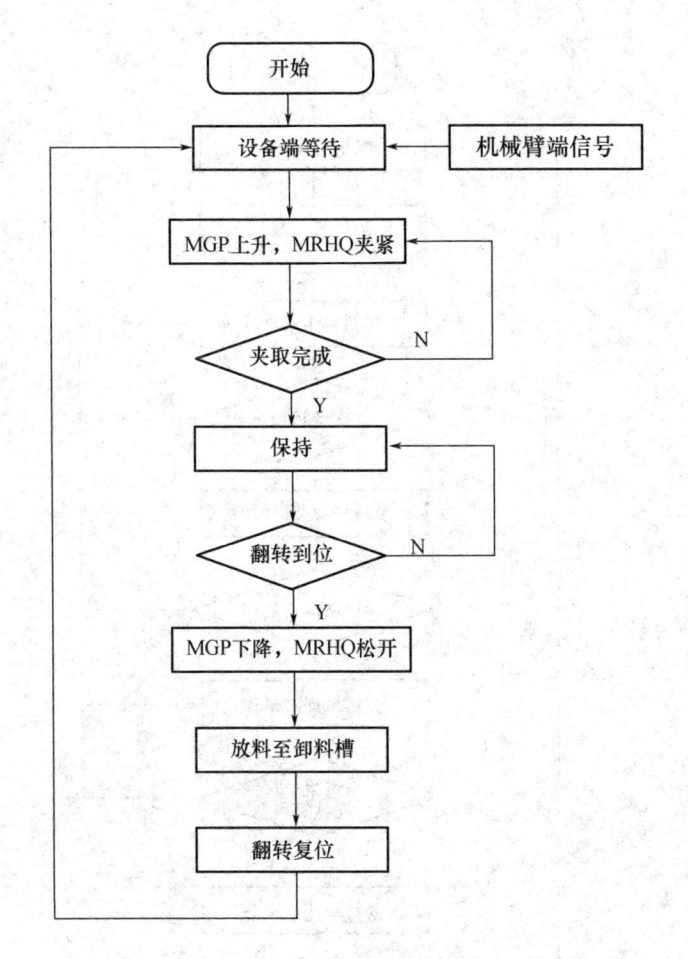

```
                    ┌─────────┐
                    │  开始   │
                    └────┬────┘
                         ↓
    ┌──────→ ┌─────────────┐ ←─── ┌──────────────┐
    │        │ 设备端等待  │      │ 机械臂端信号 │
    │        └──────┬──────┘      └──────────────┘
    │               ↓
    │        ┌──────────────────┐
    │        │ MGP上升，MRHQ夹紧│
    │        └────────┬─────────┘
    │                 ↓
    │            ╱ 夹取完成 ╲ ── N ──┐
    │            ╲          ╱ ←─────┘
    │                 │ Y
    │                 ↓
    │        ┌─────────┐ ←──┐
    │        │  保持   │    │
    │        └────┬────┘    │
    │             ↓         │
    │         ╱翻转到位╲─ N ┘
    │         ╲        ╱
    │             │ Y
    │             ↓
    │      ┌──────────────────┐
    │      │ MGP下降，MRHQ松开│
    │      └────────┬─────────┘
    │               ↓
    │        ┌──────────────┐
    │        │ 放料至卸料槽 │
    │        └──────┬───────┘
    │               ↓
    │         ┌──────────┐
    │         │ 翻转复位 │
    │         └─────┬────┘
    └───────────────┘
```

图 3-3-4　翻转机构程序流程图

（二）PLC 程序

1. 原点回归程序

在自动化控制系统中，原点的设定是至关重要的，它作为所有动作和定位的基准点。原点回归程序，正是为了确保系统在启动或重启时，各执行部件能够准确返回到这一预设的初始状态。在此过程中，STL 步进梯形指令发挥着核心作用，通过精确的时序控制，指导各个气缸按照既定的逻辑顺序进行动作。当上料托盘缸、上料整列推料缸、上料整列无杆气缸以及防干涉气缸等关键部件触及原点回归标志位时，系统会依据上卸料的流程逻辑，依次触发后续

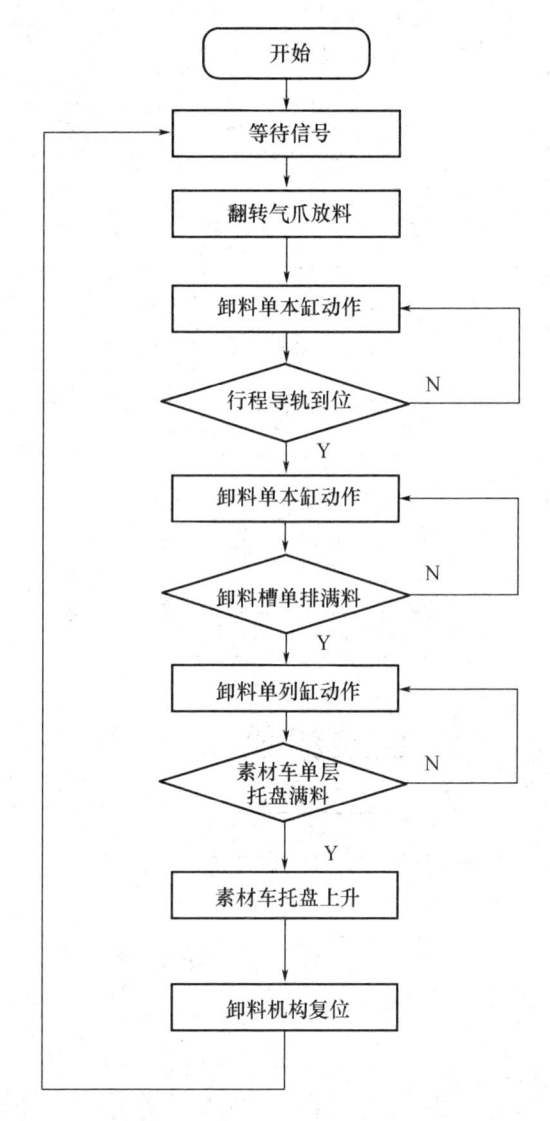

■ 电气自动化控制与 PLC 技术的实验与应用研究

图 3-3-5 卸料机构程序流程图

气缸的相应动作,直至整个原点回归操作流程的圆满完成。这种程序设计不仅确保了系统运行的稳定性和准确性,同时也为后续的自动化操作奠定了坚实的基础。

2. 自动运行程序

自动运行程序是自动化控制系统的核心组成部分,它负责在系统完成原点回归后,接管并协调各执行部件的自动运行。当系统成功回到原点,并通过相应的标志位进行确认时,自动运行程序的启动条件便得到满足。此时,需确保自动按钮处于接通状态,手动按钮处于复位状态,同时门保护位信号也必须接通,这一系列的条件共同构成了系统无报警状态的必要前提。只有在这种安全无虞的状态下,控制系统才能开始其自动运行流程。自动运行程序的设计旨在最大化系统的运行效率,同时保障操作过程的安全性和可靠性,它是实现工业自动化不可或缺的关键环节。

3. 报警程序

卸料单本推料端后退,X25、X32 接通,系统延时 2.5S 后,发出报警信号;

卸料单列推料端前进,X30 接通,系统延时 2.5S,发出报警信号;

上料整列推料端前进,X5 接通,系统延时 2.5s 后,发出报警信号。

在系统发出报警信号时,触摸屏为报警信息窗口显示,并让运行指示灯输出红灯和蜂鸣器报警,等待操作人员来进行报警处理。

第四章　PLC 控制系统设计与应用

第一节　PLC 选型与硬件配置

一、PLC 性能指标分析

(一)处理速度评估

处理速度,作为评估 PLC(可编程逻辑控制器)性能的核心指标,其重要性不言而喻。这一指标直接决定了 PLC 对外部输入信号的响应速度以及内部程序的执行效率。在工业自动化领域,高速的处理能力意味着 PLC 能够更为敏捷地捕捉并响应生产环境中的各种变化,从而有效减少控制过程中的延迟现象,显著提升整个系统的实时性。在深入评估处理速度时,必须细致考察 PLC 所搭载的 CPU(中央处理器)的时钟频率以及指令执行周期。时钟频率高低直接反映了 CPU 每秒钟能够执行的运算次数,而指令执行周期则揭示了完成一条指令所需的时间长度。这两个参数共同构成了评估 PLC 处理速度的基础,它们对 PLC 的控制精度和整体运算效率产生着深远影响。

(二)内存容量考量

内存容量指标不仅关乎 PLC 能否支持更为复杂、精细的控制程序,还直接影响到其数据处理能力的强弱。随着工业自动化水平的不断提升,控制程序日益复杂,数据处理量也呈现出爆炸性增长,这就对 PLC 的内存容量提出了更高的挑战。在评估内存容量时,必须从多个维度进行综合考虑。首先,用户程序的存储需求是一个不容忽视的因素。不同规模、不同功能的控制程序所需的存储空间差异显著,因此,必须根据实际应用场景来合理预估程序存储需求。其次,数据存储容量也同样重要。在生产过程中,大量的实时数据、历史数据以及配置参数等都需要 PLC 进行安全、可靠的存储,要求 PLC 必须具备充足的数据存储空间。最后,内存扩展能力也是一个值得关注的点,随着技术的不断进步和需求的不断变化,PLC 可能需要进行内存升级以应对未来的挑战。

(三)指令集的功能性与效率

指令集作为 PLC 控制功能实现的基础,其功能性与效率是衡量 PLC 性能优劣的重要标准。一个功能丰富、设计合理的指令集能够为工程师提供更加灵活多样的控制选项和算法实现方式,从而有助于提升整个控制系统的性能和稳定性。在评估指令集的功能性时,应该重点关注其基本指令集的覆盖度以及高级指令集的支持情况。基本指令集是 PLC 执行各种基础控制任务所必需的,其覆盖度的广泛与否直接影响到 PLC 的通用性和易用性。而高级指令集则通常包含一些更为复杂、高效的算法和功能,它们的存在能够进一步提升 PLC 的控制精度和响应速度。同时,指令的执行效率也是评估指令集性能时不可忽视的一个方面,高效的指令执行能够减少 CPU 的占用时间,提高 PLC 的整体运算速度。

(四)通信接口与协议兼容性

在评估 PLC 的性能时,通信接口与协议兼容性是一个至关重要的方面。这一指标直接关乎 PLC 能否与外部设备实现高效、稳定的数据交换,进而影响整个自动化控制系统的运行效率。在深入考察这一指标时,应重点关注 PLC 所提供的通信接口类型和数量。不同类型的接口(如串口、以太网口等)以及接口数量的多少,将直接影响到 PLC 与其他设备连接的灵活性和扩展性。同时,PLC 所支持的工业网络协议也是一个不容忽视的评估点。兼容多种主流工业网络协议(如 Modbus、Profinet、Ethernet/IP 等)的 PLC,能够在更广泛的工业环境中实现与其他设备的无缝对接,从而提升整个系统的集成度和运行效率。

(五)环境适应性与可靠性

在评估 PLC 的性能时,环境适应性与可靠性是两个至关重要的指标。环境适应性主要考察 PLC 在不同工作环境下的稳定性和耐用性。由于工业自动化现场环境复杂多变,PLC 必须能够在宽泛的工作温度范围内、高湿度或尘埃等恶劣条件下保持正常工作。这就要求PLC具备良好的散热设计、防护等级以及抗电磁干扰能力,以确保在各种极端环境下都能稳定运行。而可靠性则是指PLC在长时间运行过程中保持高性能和少故障的能力。具备高可靠性的PLC能够减少系统故障发生的风险,避免设备故障导致的生产中断和损失。因此,在选择PLC时,必须对其环境适应性和可靠性进行全面考量,以确保所选型号能够满足实际工业应用的需求,并为整个控制系统的稳定运行提供有力保障。

二、输入输出模块选择

(一)输入输出点数确定

在确定输入输出点数时,必须对实际控制系统的需求进行深入分析,这一过程涉及对所需输入和输出信号数量的精确统计,这是构建稳定、高效控制系统的基石。合理的点数规划不仅保证系统的完整性,还为未来可能的扩展留下空间。这是因为,随着技术的发展和工艺流程的改进,系统可能需要增加新的输入输出信号。因此,在规划阶段就应预见到这种可能性,并适当预留一些备用点数,以应对未来的扩展需求。通过这种精确统计和合理规划的方法,可以选择到点数适中,既满足当前需求又具备扩展潜力的输入输出模块,从而确保控制系统的灵活性和可持续性。

(二)电气特性匹配

在选择模块时,必须对其电气特性进行全面而细致的考查,包括电压等级、电流容量以及信号类型等关键参数。这些电气特性必须与外部设备或传感器的规格相匹配,以确保信号能够准确无误地传输,同时保障设备的稳定运行。此外,为了防止电气故障对系统造成潜在的损害,还必须考虑实施有效的隔离与保护措施。通过深入分析和匹配模块的电气特性,能够挑选出最适合系统需求的输入输出模块,从而为构建稳定、可靠的控制系统奠定坚实的基础。此过程不仅需要严谨的技术分析,还需对市场上的各种模块进行详尽的比较和评估,以确保最终选择的模块能够完全满足系统的实际需求。

(三)接口类型与连接方式

接口类型和连接方式直接关乎模块与外部设备之间的数据传输效率和连

接稳定性。在选择接口类型和连接方式时,必须根据实际设备的接口规范和使用环境来综合考虑。不同的接口类型和连接方式各有优缺点,例如,某些接口类型可能提供更高的数据传输速率,而另一些则可能在恶劣环境下表现出更强的稳定性。因此,在决策过程中,应权衡各种因素,包括数据传输速率、连接稳定性、环境适应性等。同时,连接的便捷性和可靠性也是不容忽视的考量点,它们直接影响到系统的搭建速度和运行稳定性。通过精心设计和选择合适的接口类型和连接方式,可以显著提升整个系统的性能和可靠性,从而确保数据的顺畅传输和设备的无缝对接。

(四)防护等级与安全性

在选择输入输出模块时,防护等级和安全性是两个核心考量因素。工业环境通常伴随着多种潜在的物理和化学风险,如尘埃、水汽、腐蚀性气体以及机械冲击等。因此,输入输出模块必须具备足够的防护能力,以抵御这些不利因素,确保在恶劣环境下仍能稳定运行。此外,安全性问题同样不容忽视。电气安全、机械安全以及防火安全等方面的考虑,都是保障操作人员生命安全和设备正常运行的关键。一个具有高防护等级和出色安全性能的输入输出模块,不仅能有效降低系统故障的风险,还能为操作人员提供一个安全、可靠的工作环境。在选择过程中,必须对模块的防护等级和安全性能进行全面评估,确保其符合相关标准和规定,从而保障整个控制系统的稳定性和安全性。

(五)模块扩展性与维护性

随着工业控制系统功能的不断演进和扩充,未来可能需要增添更多的输入输出点以满足新的需求。因此,选择具备良好扩展性的模块显得尤为重要。这样可以便捷地增加点数,使系统能够灵活应对未来的扩展需求。同时,维护性也是一个不可忽视的考量因素。一个易于维护和更换的模块可以显著减少系统故障时的停机时间,降低维修成本,从而提高整体运营效率。在选择过程中,应特别关注模块是否具备故障诊断指示功能,这一功能有助于快速定位并解决问题。此外,支持热插拔技术的模块能够在不影响系统正常运行的情况下进行维护操作,进一步增强了系统的可维护性。

三、电源模块与通信模块配置

(一)电源模块选型与容量规划

电源模块的选型和容量规划,是构建稳定、高效 PLC 系统的基石。选型过程中,必须精确评估 PLC 的功耗。这包括其正常运行时的功率消耗,以及在峰值负载或特定工作模式下的最大功耗。同时,还需前瞻性地考虑系统未来的扩展需求,预测可能的功耗增长,从而确保所选电源模块具有足够的容量裕量。此外,冗余配置的策略也至关重要,它能够在主电源故障时提供无缝切换至备用电源的能力,显著增强系统的可靠性。通过科学的容量规划,不仅可保障系统当前的稳定运行,更为未来的升级和扩展预留了充足的空间,展现了电源模块选型与容量规划在 PLC 系统设计中的核心地位。

(二)电源稳定性与保护措施

在选择电源模块时,必须对其稳定性指标进行严格的考察,其中包括电压波动范围、噪声抑制能力等关键参数。电压的稳定输出对于 PLC 内部电路的正常工作至关重要,而噪声的有效抑制则能减少干扰,提升信号的传输质量。此外,保护措施的设置也是电源模块不可或缺的一部分。过压、欠压、过流等异常情况若未能及时应对,可能会对 PLC 系统造成不可逆的损害。因此,电源模块应具备完善的保护机制,能够在异常情况发生时迅速切断电源,从而保护 PLC 系统免受损害。这些保护措施的实施,不仅提升了系统的安全性,也显著增强了其可靠性,为 PLC 系统的稳定运行提供了坚实的保障。

(三)通信模块协议与速率选择

通信模块在 PLC 系统中扮演着至关重要的角色,它是系统与其他设备进行数据交换的枢纽。在选择通信模块时,通信协议的支持范围和传输速率成为关键考量点。不同的通信协议,如 Modbus、Profinet、Ethernet/IP 等,各具特点和优势,其传输效率和兼容性也各异。因此,必须根据实际的应用场景和需求,选择那些既能满足当前数据传输要求,又具备良好扩展性和兼容性的通信协议。同时,传输速率的选择也至关重要。它直接影响到数据交换的实时性和系统的响应速度。在高速、高精度的控制系统中,高传输速率的通信模块能够确保数据的及时、准确传输,从而提升整个系统的性能和稳定性。

(四)通信接口数量与类型配置

在 PLC 系统中,通信接口的数量与类型配置对于确保系统的通信效率和扩展性具有至关重要的意义。在选择通信模块时,必须根据系统的实际需求来精确确定接口的数量和类型。例如,对于需要同时连接众多设备的复杂系统,应选择配备多个接口的通信模块,以确保各个设备之间能够顺畅地进行数据交换。而对于那些需要实现远程监控或数据传输的系统,则应优先考虑支持以太网、光纤等高速远程通信接口的模块,从而确保数据能够在长距离传输中保持高速和稳定。合理的接口数量和类型配置,不仅可以满足系统当前的通信需求,更能为未来的功能扩展和升级提供极大的便利性和灵活性。

(五)通信模块可靠性与安全性

通信模块的可靠性与安全性是 PLC 系统设计中不容忽视的关键因素。在选择通信模块时,必须对其抗干扰能力、长期运行的稳定性以及数据加密等安全性措施进行全面而细致的评估。抗干扰能力反映了模块在复杂电磁环境下维持正常通信的能力,是确保数据传输准确性的基础。而长期运行的稳定性则直接关系到系统的整体可靠性,一个稳定的通信模块能够显著减少故障导致的停机时间,提高生产效率。此外,随着工业数据安全的日益重要,数据加密等安全性措施也成为通信模块选择中不可或缺的考量因素。通过采用高强度的数据加密技术,可以确保敏感数据在传输过程中不被窃取或篡改,从而维护系统的整体安全性。因此,在选择通信模块时,应综合考虑其可靠性与安全性表现,为 PLC 系统的稳定运行提供坚实的保障。

第二节　PLC 控制系统的软件设计

一、软件设计的步骤与方法

(一)软件设计的步骤

1. 制订设备运行方案

在工业自动化领域中,设备运行方案的制订是确保生产流程高效、稳定运行的关键步骤。这一方案的制订必须基于深入的生产工艺要求分析,明确各个环节中输入、输出以及各类操作之间的逻辑关系。这种逻辑关系是控制系统设计的基础,它决定了哪些物理量需要被检测,以及如何进行有效的控制。在制订方案时,还需要综合考量生产环境、设备性能、安全标准等多方面因素。通过综合分析和评估,能够确定系统中各设备的具体操作内容和顺序,从而构建出一个既满足生产需求又具备高效能和稳定性的设备运行方案。这一方案的实施,不仅能够提升生产效率,还能在一定程度上降低设备故障率,延长设备使用寿命,最终实现企业生产效益的最大化。

2. 设计控制系统流程图或状态转移图

在复杂控制系统的设计中,控制系统流程图或状态转移图的设计至关重要,这类图表能够清晰、直观地展示系统中各个动作的顺序和触发条件,帮助工程师更好地理解和分析系统的运行状态。通过流程图或状态转移图,可以明确各个状态之间的转换关系,以及每个状态下系统应执行的操作。这不仅有助于在系统开发阶段进行逻辑验证和错误排查,还能在后期维护中为技术人员提供有力的支持。然而,在简单控制系统的设计中,由于逻辑关系和操作相对直接明了,这一步骤可以省略,以节省设计时间和成本。

3. 设计梯形图、写出对应的指令表

在工业自动化控制系统中,梯形图及其对应的指令表是编程和调试PLC的基础。设计梯形图的过程,实际上是对被控对象的输入、输出信号以及PLC资源进行细致分配的过程。这一过程需要工程师根据控制要求,合理分配PLC的硬件和软件资源,确保每个信号都能得到准确、高效的处理;随后,根据梯形图的逻辑结构,编写出对应的指令表。这些指令将被PLC执行,从而实现对被控对象的精确控制。梯形图和指令表的设计质量直接影响到PLC控制系统的性能和稳定性,因此在设计过程中必须严格遵守相关规范和标准,确保控制系统的安全性和可靠性。

4. 程序输入及测试

在工业自动化控制系统中,程序输入及测试是确保PLC正常工作的关键环节。通过编程器或计算机,将精心设计的程序输入到PLC的用户存储器中,这是实现自动化控制的第一步。然而,初步输入的程序往往难以避免存在缺陷或错误,因此,必须进行离线测试。在测试过程中,工程师需利用专业的调试工具和技术,对程序进行逐步排查,发现并修正其中的问题。这一过程不仅需要丰富的经验,更需要严谨的态度和精细的操作。经过反复的调试、排错、修改以及模拟运行,确保程序能够在各种预期的工作条件下稳定运行,方可正式投入实际运行。通过这样的程序输入及测试流程,可以大大提高PLC控制系统的可靠性和稳定性,从而保障工业生产的顺利进行。

5. 制定系统的抗干扰措施

在工业自动化控制系统中,尽管PLC本身具有较强的抗干扰能力,能够在一般生产机械控制环境中稳定工作,但在某些特定场合下,仍需制定更为严格的抗干扰措施。这些场合可能包括工作环境特别恶劣、电磁干扰强烈或对抗干扰能力有极高要求的场景。为了确保系统的稳定运行,应从硬件和软件两个方面入手,制定全面的抗干扰策略。在硬件方面,可以采取电源隔离、信号滤波、科学接地等措施,有效减少外部干扰源对系统的影响。在软件方面,则可以通过屏蔽、纠错、平均值滤波等技术手段,提高系统对干扰信号的识别和处理能力。这些综合措施的实施,可以显著提升PLC控制系统的抗干扰性能,确保其在复杂恶劣的工作环境中依然能够保持高效稳定的运行状态。

(二)软件设计的方法

在软件设计中,常用的方法有根据继电器控制电路设计梯形图方法、经验设计法、逻辑设计法及顺序控制设计法。

1. 根据继电器控制电路设计梯形图方法

许多典型的继电器控制电路经过了长期的使用和考验,已经被证明了能够完成系统的控制要求。如果用PLC完成相同的控制功能,只要对继电器控制电路略作调整,将其改画成梯形图就可以了。因此,可以根据继电器的控制电路来进行梯形图设计。使用这种方法进行梯形图设计时一定要注意,梯形图与继电器控制电路有本质的区别。梯形图是PLC的程序,是软件,而继电器控制电路是由硬件组成的。

根据继电器控制电路来设计梯形图时,应注意以下几个方面。

(1)应遵守梯形图语言中的语法规定。例如,在继电器控制电路中,触点可以放在线圈的左边或右边;而在梯形图中,触点只能放在线圈的左边,线圈必须与右母线连接。

(2)常闭触点提供的输入信号的处理。在继电器控制电路中使用的常闭触点,如果在梯形图转换过程中仍采用常闭触点,使其与继电器控制电路相一致,那么,在输入信号接线时就一定要接本触点的常开触点。

(3)外部联锁电路的设定。为了防止外部2个不可同时动作的接触器等同时动作,除了在梯形图中设立软件互锁外,还应在PLC外部设置硬件互锁电路。

(4)时间继电器瞬动触点的处理。对于有瞬动触点的时间继电器,可以在梯形图的定时器线圈的两端并联辅助继电器,这个辅助继电器的触点可以当成时间继电器的瞬动触点使用。

(5)热继电器过载信号的处理。如果热继电器为自动复位型,其触点提供的过载信号就必须通过输入点将信号提供给PLC;如果热继电器为手动复位型,可以将其常闭触点串联在PLC输出电路中的交流接触器的线圈上。当然,过载时接触器断电,电动机停转,但PLC的输出依然存在,因为PLC没有得到过载的信号。

2. 经验设计法

经验设计法主要是依赖于设计者的专业知识和实践经验来进行设计。在使用这种方法时,设计者首先会将复杂的生产机械运动拆解成若干个相对独立的简单运动,然后针对每一个简单运动分别设计出对应的控制程序。此外,设计者还需根据这些独立运动的特性和相互关系,设计出必要的联锁与保护环节,以确保整个系统的稳定与安全。这种方法要求设计者必须拥有丰富的控制系统实例知识和典型的控制程序设计经验。在设计过程中,往往需要经过多次的修改和优化,才能最终满足特定的控制需求。由于其设计过程缺乏固定的规律,且具有较强的试探性和个体差异性,因此,最终的设计成果并不是唯一的。这种方法更适用于那些相对简单的控制系统程序设计。

3. 逻辑设计法

逻辑设计法是一种以逻辑代数为理论基础的设计方法,在使用这种方法时,设计者首先会根据生产工艺的具体需求和变化,详细列出所有涉及的检测元件、中间元件以及执行元件。接着,利用逻辑代数,为这些元件构建出相应的逻辑表达式,并进行必要的化简。最后,这些逻辑表达式会被转化为具体的梯形图程序,从而实现对整个控制系统的精确控制,这种方法具有较强的逻辑性和系统性,能够确保设计的准确性和可靠性。

4. 顺序控制设计法

顺序控制设计法是一种基于生产工艺流程顺序的自动化控制方法,它根据预先设定的生产顺序,在各类输入信号的作用下,结合系统内部状态和时间因素,确保生产过程中的执行机构能够按照既定的顺序自动且有序地运行。在实施顺序控制设计法时,首要步骤是依据系统的工艺流程,绘制出详尽的顺序控制功能图。随后,以此功能图为基础,设计出对应的梯形图,从而实现控制逻辑的可视化和具体化。该方法的核心思想是将整个系统的工作周期细分为多个顺序相连的阶段,这些阶段在控制理论中被称为"步"。每一步都通过特定的编程元件来代表,如状态继电器 S 或内部辅助继电器 M。步的划分依据是输出量的状态变化,即在每一步内,所有输出量的状态(ON/OFF)保持恒定,而相邻两步之间的输出状态则有所区别。这种划分方式使得代表各步的编程元件状态与输出量状态之间的关系变得极为简洁和明了。

推动系统从当前步进入下一步的关键因素被称为转换条件,这些条件可以源自外部输入信号,如按钮的操作、主令开关的状态变化或行程开关的通断等;也可以来自 PLC 内部生成的信号,如定时器或计数器的触发。此外,转换条件还可能是多个信号的逻辑组合,如与、或、非等。顺序控制设计法通过精确控制这些转换条件,从而有序地改变代表各步的编程元件状态,进而精准地控制 PLC 的各个输出位,实现生产过程的自动化和高效化。

二、控制软件设计注意事项

控制软件就是 PLC 中的控制程序,它是整个控制系统的"思想"。控制软件的设计应该注意以下几个方面:

(一)正确性

正确性是软件设计的基础要求,它指的是软件能够准确无误地完成用户所设定的各项功能,且在运行过程中不会出现错误或偏差。在工业自动化控制系统中,正确性的重要性不言而喻,因为任何微小的错误都可能导致生产线的停滞或设备的损坏。为了确保正确性,设计者需要对用户需求进行深入分析,明确每一项功能的实现方式和预期效果。同时,在软件开发过程中,应进行严格的测试和验证,确保软件在实际运行环境中能够稳定、准确地执行各项任务。此外,对于可能出现的异常情况,设计者还需制定相应的处理机制,以防止错误导致的系统崩溃或数据丢失。

（二）可靠性

在满足软件正确性的同时，可靠性也是评价一个优秀软件系统的重要指标。在工业自动化领域，软件的可靠性直接关系到生产线的稳定运行和设备的长期使用。为了提高可靠性，设计者在进行软件设计时需要充分考虑各种可能的事故和异常情况，并设置相应的事故报警和联锁保护机制。这些机制能够在系统出现故障或异常时及时发出警报，并采取相应的保护措施，以防止事故的扩大和设备的损坏。此外，设计者还需要对不同的工作设备和不同的工作状态进行互锁设计，以防止用户的误操作导致的安全问题。在有信号干扰的系统中，程序设计还应考虑加入滤波和校正功能，以消除外界干扰对系统运行的影响，从而确保软件的稳定可靠。

（三）可调整性

软件的可调整性是指在软件使用过程中，能够方便地对软件进行修改、扩展和优化。为了满足这一要求，设计者应采用合理的程序结构，并借鉴软件工程中的"高内聚、低耦合"思想。这种思想强调模块内部的紧密联系和模块之间的松散耦合，从而使得软件在出现问题或需要增加新功能时能够轻松进行调整。具体而言，设计者可以通过采用模块化、组件化等设计方法来提高软件的可调整性。这些方法能够将软件系统划分为多个独立且可复用的模块或组件，从而便于后续的修改和扩展。同时，设计者还需为软件提供灵活的配置选项和接口，以满足用户在不同场景下的个性化需求。

（四）标准性

在软件编程中，标准性是指遵循一定的编程规范和标准来编写代码。这不仅可以提高代码的可读性和可维护性，还有助于减少错误和提高软件质量。为了实现标准性，编程时应尽量使用指令功能来处理任务，而不是依赖特定的编程技巧或方法。除了编程软件自带的指令外，经过验证的库函数或模块也应被优先考虑使用。这些库函数或模块通常已经过严格测试和优化，能够提供高效、稳定的性能。遵循这些标准和规范，可以确保软件系统的稳定性和兼容性，降低后期维护和升级的成本。

（五）可读性

可读性是指软件代码能够被人类读者轻松理解和分析的程度。在系统维护和技术改造过程中，可读性强的代码能够大大提高工作效率和准确性。为了实现可读性，编程时应追求语句简单明了、条理清晰、逻辑严谨的风格。同时，为代码添加完整的注释也是提高可读性的重要手段之一。注释能够解释代码的功能、意图和实现方式，帮助读者更快地理解代码的逻辑和结构。提高代码的可读性，可以使得软件系统在后续的维护和技术改造中更加容易进行修改和优化。

第三节　PLC控制系统的实施与维护

一、系统实施前的准备工作

（一）明确系统需求与目标

系统实施之前，涉及对生产流程的详尽分析，其目的在于精确地确定PLC控制系统所需实现的具体功能。例如，针对自动化程度的需求，必须细致考量生产过程中哪些环节可以通过自动化来优化，以及自动化水平应达到何种程度，才能既提高效率又保证质量。同时，对于数据采集与处理速度的需求，也需要根据生产流程的特点来确定，以确保数据的实时性和准确性。除此之外，明确系统的性能指标同样重要。稳定性、可靠性和响应速度是衡量一个PLC控制系统性能优劣的关键指标。稳定性要求系统在运行过程中能够保持平稳，避免因外界干扰或内部故障而出现系统崩溃或数据丢失。可靠性则意味着系统应能够在长时间内持续稳定地运行，且故障率较低。而响应速度则直接关系到系统对生产流程变化的敏感度和调整能力。通过明确这些性能指标，可以确保PLC控制系统在实际生产过程中能够满足需求，达到预期目标。

（二）选型与硬件配置

选型过程中，必须根据实际需求，综合考虑多方面因素，以选定最适合的PLC型号。处理速度、存储容量和通信接口等关键因素均不容忽视。处理速度决定了 PLC 控制系统对数据的处理能力和响应速度,对于实时性要求高的生产流程尤为重要。存储容量则直接影响到系统能够处理的数据量和复杂度,而通信接口的选择则关系到系统与其他设备或系统的兼容性和数据传输效率。硬件配置方面,除了 PLC 主机外,还需根据生产工艺的具体要求,合理配置传感器、执行器以及人机界面等硬件设备。传感器的选择应确保其精度和稳定性能够满足生产过程的监控需求;执行器的选型则需考虑其动作速度、精度和寿命等因素;人机界面作为操作人员与 PLC 控制系统交互的桥梁,其设计应简洁直观,便于操作人员快速准确地获取系统信息并进行操作。在硬件配置过程中,设备的兼容性、稳定性和可扩展性同样需要重点关注。兼容性是确保各硬件设备能够无缝对接、协同工作的基础,稳定性则是保障系统长时间稳定运行的前提,而可扩展性则为未来系统的升级和扩展提供了可能。

(三)制订实施计划

为确保 PLC 控制系统的顺利实施,制订一份详尽的实施计划至关重要。该计划应涵盖项目实施的各个阶段,从初步准备到最终的系统调试和优化,每个步骤都应有明确的任务描述、时间节点安排以及责任人分配。这样做不仅有助于确保项目按时按质完成,还能在出现问题时迅速定位并解决。在制订实施计划时,还需充分考虑实施过程中可能遇到的各种问题和风险。例如,设备采购延迟、技术难题、人员配合不畅等都可能影响项目的进度和质量。因此,针对这些潜在问题,应提前制订相应的应对措施和预案,以减轻其对项目实施的影响。此外,实施计划的制订还应注重灵活性和可调整性。由于项目实施过程中可能会遇到各种不可预见的情况,因此计划应能够根据实际情况进行适时调整。

二、系统的安装调试

(一)设备安装与接线

在 PLC 控制系统的安装调试过程中,设备安装与接线环节对于整个系统的后续稳定运行具有决定性影响。在进行设备安装时,必须严格遵循预定的布局方案,确保每台设备都被放置在最为合适的位置。这不仅有助于提升系统的整体运行效率,还能为日后的维护保养工作提供便利。同时,考虑到设备在运行过程中会产生热量,合理的通风和散热设计也是不可或缺的。这可以有效防止设备过热而出现故障,从而保障系统的持续稳定运行。接线工作同样不容忽视。在进行接线时,必须严格按照电气接线图进行操作,确保每一根线缆都准确无误地连接到对应的接口上。这要求工作人员具备高度的专业素养和严谨的工作态度,以避免接线错误而引发的系统故障。此外,接线完成后,还必须进行细致的检查工作,以及时发现并处理可能存在的短路、断路等安全隐患。

(二)软件编程与配置

在PLC控制系统的安装调试过程中,软件编程与配置环节无疑是最为核心的部分。这一阶段的工作直接决定了系统能否按照预定的控制要求稳定运行。因此,在进行软件编程时,必须根据实际需求,结合编程软件的功能特点,编写出既符合控制逻辑又具备高效性的PLC程序。这要求编程人员具备深厚的专业知识和丰富的实践经验,以确保程序的正确性和可靠性。同时,系统的通信参数配置也是至关重要的。在配置过程中,需要确保各个设备之间的通信协议、数据格式和传输速率等参数保持一致,以实现顺畅的数据交互。这不仅有助于提升系统的整体运行效率,还能避免通信故障导致的系统瘫痪等问题。在编程和配置完成后,还必须对程序进行模拟调试。通过模拟各种实际运行场景,可以全面检验程序的功能实现情况和稳定性表现。

(三)现场调试与优化

现场调试与优化是PLC控制系统安装调试的终极环节,也是确保系统从理论走向实践、从设计转化为生产力的关键步骤。在这一阶段,系统将首次在实际生产环境中进行全面而细致的调试,以验证其性能是否满足设计要求和生产需求。调试过程中,应模拟各种可能的生产场景,对系统的响应速度、控制精度、稳定性及抗干扰能力等进行全面评估。针对调试中暴露出的问题和不足,需及时进行分析、定位并予以解决。这不仅要求调试人员具备丰富的实践经验和精湛的技术水平,更需要他们具备敏锐的问题意识和创新性解决方案。同时,现场调试也是优化系统性能的重要契机。通过对实际运行数据的收集和分析,可以发现系统存在的瓶颈和潜在改进点,进而对系统进行针对性的优化和调整。此外,对操作人员的培训也是现场调试与优化阶段不可或缺的一环。系统的培训和指导,能使操作人员熟练掌握系统的基本操作和日常维护技能,为系统的长期稳定运行提供有力保障。

三、系统的运行与维护

(一)日常监控与检查

日常监控与检查环节涉及对 PLC 主机、输入输出模块、通信接口等核心部件的定期状态检查,旨在及时发现并处置潜在的故障隐患,从而确保系统的持续稳定运行。通过采用先进的监控软件,可以实时追踪系统的各项运行状态指标,如 CPU 使用率、内存占用情况和通信状态等。这些数据的实时分析不仅有助于及时发现系统的异常情况,更能为后续的故障排查和优化调整提供有力的数据支持。同时,对现场传感器和执行器的定期检查也是不可或缺的环节。传感器和执行器作为 PLC 控制系统与生产过程之间的桥梁,其性能的稳定性直接关系到数据采集和控制的准确性。因此,通过定期检查和校准这些设备,可以确保它们始终处于最佳工作状态,从而为整个系统的稳定运行提供有力保障。

(二)预防性维护措施

预防性维护措施在保障 PLC 控制系统长期稳定运行方面具有至关重要的作用,这些措施旨在通过定期的清洁、除尘、紧固和检查等操作,确保系统的硬件和软件始终处于最佳状态,从而预防潜在故障的发生。具体而言,对系统进行全面的清洁和除尘可以有效防止灰尘和杂物对设备造成损害,提高设备的散热效率和使用寿命。同时,对电缆和接线端子进行紧固和检查可以确保电气连接的可靠性,避免松动或接触不良引发的故障。此外,定期更换老化的元器件也是预防性维护的重要环节,这有助于预防元器件性能衰减或失效而引起的系统故障。除了硬件方面的维护措施外,对软件的备份和更新同样不容忽视。定期备份软件可以确保在发生故障时能够迅速恢复数据,减少损失。

(三)应急响应与故障恢复

在 PLC 控制系统的运行过程中,尽管已经采取了日常监控和预防性维护措施,但仍难以完全避免故障的发生。因此,建立完善的应急响应机制和故障恢复流程显得至关重要。这些机制和流程旨在确保故障发生时能够迅速、准确地做出响应,最大限度地减少故障对生产造成的影响。应急响应程序是故障处理的核心环节。一旦故障发生,应立即启动应急响应程序,组织专业的技术团队对故障进行排查和定位。通过深入分析故障现象、利用诊断工具和查阅相关技术文档,技术人员可以迅速确定故障的原因和范围,为后续的修复工作提供准确的依据。同时,备份数据和恢复程序在故障恢复过程中发挥着举足轻重的作用。利用备份数据可以迅速恢复丢失或损坏的数据文件,确保系统的完整性和一致性。而恢复程序则可以帮助技术人员快速重建系统环境,恢复系统的正常运行状态。在故障排除后,还需对故障进行深入的分析和总结,以便发现潜在的问题并采取相应的改进措施,防止类似故障的再次发生。

四、故障诊断与排除

(一)故障识别与定位

故障识别与定位是 PLC 控制系统故障处理的首要环节,其准确性直接关系到后续维修工作的效率和效果。在故障发生时,技术人员需通过细致的观察和专业的诊断,迅速确定故障的性质和位置。这一过程中,对系统运行状态的全面了解和对诊断工具的熟练运用显得尤为重要。技术人员应首先观察系统的整体运行状态,检查是否有异常指示灯亮起,倾听是否有异常声音发出,这些直观的现象往往能提供故障识别的初步线索。随后,利用专业的诊断工具或软件对系统进行深入扫描,以获取更为精确的故障信息。这些工具能够通过对系统内部数据的分析,帮助技术人员定位到故障发生的具体位置。此外,综合分析系统的日志文件、报警信息和现场情况也是故障识别与定位的重要环节。日志文件记录了系统的运行历史和状态变化,报警信息则直接反映了系统的异常情况,而现场情况则可能提供了故障发生的实际环境和背景。

(二)硬件故障排除

在 PLC 控制系统中,硬件故障是导致系统异常运行的常见问题,针对这类故障,技术人员需要采取一系列步骤进行排查和修复。首先,对物理连接的稳固性进行检查是至关重要的。技术人员应确认所有线缆、接口和连接器是否牢固连接,无松动或损坏现象。任何松动或不良的物理连接都可能导致信号传输中断或数据错误,进而影响整个系统的正常运行。其次,技术人员需要对关键硬件如传感器、执行器等进行逐一排查。这些硬件设备的正常工作对于 PLC 控制系统的稳定运行至关重要。通过专业的测试工具和方法,技术人员可以检测这些设备的工作状态,确认是否存在故障或性能下降的情况。一旦发现硬件损坏或性能不佳,技术人员需要及时进行更换或修复。最后,对电源、接地等基础设施的检查也是必不可少的环节。稳定的电源供应和良好的接地系统是 PLC 控制系统正常运行的基础保障。

(三)软件故障修复

在 PLC 控制系统中,软件故障同样是一个不容忽视的问题,这类故障可能表现为系统响应缓慢、程序运行错误或数据异常等现象,严重影响系统的稳定性和可靠性。针对软件故障,技术人员应首先深入检查 PLC 程序的逻辑性和正确性。通过仔细审查程序代码,技术人员可以查找并修正可能存在的编程错误,如逻辑错误、语法错误或数据溢出等问题。这些错误往往是编程过程中的疏忽或不当操作导致的,因此技术人员需要具备扎实的编程基础和严谨的工作态度。同时,对系统的软件配置进行全面检查也是必不可少的环节。技术人员应确保各项参数设置正确无误,以避免配置不当而引发的软件故障。这包括对通信参数、数据格式、控制逻辑等方面的检查。在发现软件缺陷或配置问题后,技术人员需要及时进行修复和调整,涉及对程序代码的修改、对配置参数的调整或对系统环境的优化等操作。此外,为了预防类似故障的再次发生,技术人员还应定期对软件进行更新和升级,以引入新的功能和修复已知的漏洞。

第五章　PLC高级实验技术与应用拓展

第一节　交流电机调速控制实验与优化

一、交流电机基础知识

（一）交流电机的工作原理

1. 电磁感应原理

当一个导体处于变化的磁场中时，会在其内部产生电动势。在交流电机的运作过程中，定子绕组被通以交流电，由此产生一个不断旋转的磁场。转子中的导体在旋转磁场中不断切割磁力线，从而感应出电动势并产生电流。这种感应电流与旋转磁场相互作用，使得转子受到电磁力的作用而发生转动。这一过程不仅揭示了电磁感应在电机运作中的核心作用，还体现了交流电机如何将电能转化为机械能，实现动力的输出。

2. 能量转换过程

在电动机工作模式下，交流电机通过电磁感应将输入的电能转换为机械能，从而驱动外部设备运转。这一过程中，电机的定子绕组通电产生的旋转磁场与转子中的感应电流相互作用，推动转子旋转，进而带动外部设备工作。而在发电机模式下，交流电机则将机械能转换为电能。当外部机械力驱动转子旋转时，转子导体在定子绕组产生的磁场中切割磁力线，从而在定子绕组中感应出电动势和电流。这样，机械能就被有效地转换为电能，为外部电路提供所需的电力。

（二）交流电机的类型

1. 异步电动机

异步电动机，亦被广泛称为感应电动机，是电机工程领域中的一种重要设备,其工作原理主要依赖于交流供电产生的旋转磁场。在异步电动机中,定子绕组接通交流电源后,会形成一个持续旋转的磁场。转子则由于电磁感应作用,在该旋转磁场中感应出电流,并进而产生电磁转矩,驱动转子旋转。值得注意的是,转子的旋转速度并不与定子产生的旋转磁场速度完全同步,而是略低于磁场旋转速度,这也是其被称为"异步"电动机的原因。异步电动机因其结构简单、运行可靠以及维护方便等特点,在工业生产及日常生活中得到了广泛应用。

2. 同步电动机

同步电动机是一种特殊类型的交流电机,其显著特点在于转子的旋转速度与定子产生的旋转磁场速度保持严格同步。这种同步性使得同步电动机在需要精确控制转速的应用场合中具有显著优势。例如,在时钟、录音机等精密设备中,同步电动机能够提供稳定且准确的转速输出,确保设备的精确运行。此外,同步电动机还具有较高的功率因数和运行效率,因此在某些特定工业领域也得到了广泛应用。

3. 伺服电动机

伺服电动机是一种高性能的交流电机,具备精确控制速度、位置和加速度的能力。在自动化控制系统中,伺服电动机扮演着至关重要的角色。其工作原理是通过接收控制系统发出的指令信号,精确地调整电机的转速、转角以及加速度,从而实现对机械部件的精确控制。由于伺服电动机具有响应速度快、控制精度高等特点,因此在机器人、数控机床等高精度自动化设备中得到了广泛应用。这些设备通过伺服电动机的精确控制,能够实现复杂、精细的动作,提高生产效率和加工精度。

(三)交流电机的特点

1. 结构简单、制造容易

交流电机的结构相对简单明了,这主要体现在其主要构成部分仅为定子和转子,定子作为电机的静止部分,通常包含绕组以产生磁场,而转子则携带电流并在磁场中旋转以产生转矩。这种简洁的构造不仅使得交流电机的制造过程变得容易,还有效地降低了生产成本。此外,由于部件较少且设计成熟,交流电机的维护成本也相对较低。这种经济性和实用性使得交流电机在工业和民用领域都得到了广泛应用。

2. 运行可靠、使用寿命长

交流电机的运行可靠性得益于其结构特点和工作原理,由于定子和转子的设计经过精心优化,电机在运行过程中能够保持高度的稳定性和耐久性。此外,交流电机的工作原理基于成熟的电磁理论,确保了其长期运行的稳定性和可靠性。这些因素共同作用,使得交流电机的使用寿命相对较长,能够在各种工作环境下提供持续且稳定的动力输出。

3. 调速范围广

交流电机的一个重要特点是其调速范围广泛,通过改变供电频率或调整电机的极对数,可以轻松地实现电机的速度调节。这种灵活性使得交流电机能够适应多种不同的应用场景,无论是需要高速运转的机械设备,还是要求精确控制转速的工业流程,交流电机都能提供满足需求的解决方案。

二、调速控制方法与原理

(一)调速控制的基本概念

调速控制,作为电机操作中的核心技术,其本质在于根据实际应用场景的需求对电机的转速进行精确调整。在交流电机的运作中,调速控制显得尤为关键。它通过调整电机的输入电源参数,如频率、电压或磁通量,从而改变电机内部的旋转磁场速度,最终实现电机转速的调控。这一过程不仅需要确保电机的平稳运行,还需保持其输出性能的稳定性,以满足多变工况下的动力需求。随着科技的不断进步,调速控制技术也日益成熟与多样化,这为交流电机在各个领域中的广泛应用提供了坚实的技术支撑。更为深入地讲,调速控制技术的精确性和灵活性,使得交流电机能够更好地适应各种复杂多变的工作环境,从而提高设备的整体运行效率和性能。同时,调速控制技术的发展也推动了电机行业的创新,为未来的智能化、高效化电机系统提供了可能。

(二)调速控制系统的基本原理

调速控制系统的基本原理在于对电机的输入电源进行精细化的控制,以达到准确调节电机转速的目的。在这一系统中,控制器扮演着核心角色。它根据预设的转速值与实际检测到的转速之间的偏差,生成相应的控制信号。

这一信号随后经过功率放大器的增强,进而驱动电机的执行机构对输入电源参数进行调整,如改变电源的频率或电压等。通过这样的持续监测与实时调整,调速控制系统能够确保电机转速稳定地跟随设定值的变化,从而满足各种工作环境下的动力需求。这种控制系统的性能优劣,直接影响到电机的运行效率、稳定性以及使用寿命。因此,在实际应用中,对调速控制系统的设计与优化显得尤为重要。这不仅需要深厚的理论知识,还需要丰富的实践经验,以确保系统能够在各种复杂环境下稳定运行,为电机的高效工作提供有力保障。

(三)常见的调速控制方法

1. 变频调速

在交流电机中,转速与电源频率成正比关系,因此通过调整电源频率可以实现对电机转速的连续、平滑调节。这种方法具有调速范围宽、精度高、响应速度快等优点,广泛应用于各种需要精确控制转速的场合。变频调速系统通常由变频器、电机和控制电路组成,其中变频器负责将固定频率的交流电转换为可调频率的交流电,以满足电机调速的需求。

2. 变极调速

变极调速是通过改变电机定子的极对数来改变电机转速的方法。在交流电机中,定子的极对数决定了旋转磁场的速度,从而影响了电机的转速。通过改变定子的接线方式或使用特殊设计的绕组,可以实现极对数的变化,进而实现电机转速的调节。变极调速方法简单、可靠,但调速范围有限,通常适用于一些特定转速的场合,如风机、水泵等。

3. 改变转差率调速

改变转差率调速是通过调整电机的转差率来改变电机转速的方法。在异步电动机中,转差率是指定子旋转磁场速度与转子实际转速之间的差值与定子旋转磁场速度之比。通过改变电机的电源电压、磁通量或转子电阻等参数,可以影响转差率,从而实现电机转速的调节。这种方法在异步电动机中应用较为广泛,但调速精度和响应速度相对较低。

三、基于触摸屏和 PLC 的交流变频调速实验系统设计

(一)系统设计总体方案

交流变频调速系统结构如图 5-1-1 所示。计算机下载程序到触摸屏和

PLC,通过触摸屏或者 PC 输入一定转速,控制 PLC 将电压变化的信号传递给变频器,实现电机的无级调速,再通过转速传感器模块将输出量反馈给 PLC,构成闭环控制系统。

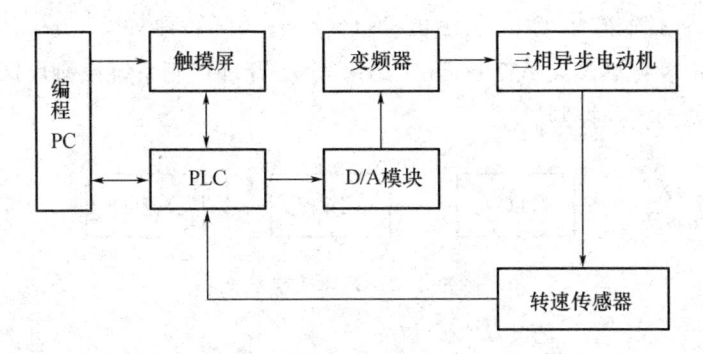

图 5-1-1　交流变频调速系统结构

(二)硬件选型

PLC 型号为西门子 CPU224XP,这款设备内置了模拟量输入输出模块,同时集成了 6 个高速计数器 HCS0 至 HCS5,这些计数器总共提供了 13 种不同的工作模式,从而充分满足了各种转速检测和控制的复杂需求。此外,其选用的 SMART700 智能触摸屏,不仅分辨率出众,而且通信能力卓越,耐用性高,画面切换流畅。其内部电源设计也极为可靠,为整个系统的稳定运行提供了坚实保障。在变频调速方面,其采用了 SINAMICS V20 变频器。这款变频器特别适用于小型实验平台,作为 PLC 与交流电机之间的关键连接桥梁,它发挥着实现精准变频调速的核心作用。至于动力部分,其选择了三相异步交流电动机 YS6314,其额定电压设定为 220 V,额定功率为 0.12 kW,既符合实验经费预算,也能满足运行调试的实际需求。为了进一步提升系统的精确性和反应速度,其还选用了型号为 HN3806-400-AB 的光电编码器。这款编码器拥有高达 400 的分辨率,能够精准地发出脉冲信号,并且能够有效辨别电机的转向,从而大大提升了整个控制系统的精确度和响应速度。

(三)软件设计

1. 开环控制功能

开环控制系统是指被控对象的输出对系统没有控制作用,如图 5-1-2 所示。输入一个存储在 VW0 区的 0~1 400 r/min 的转速,根据比例转化为存储在 VW2 区的 0~32000 的数字量输出,再将转化好的值输送到模拟量输出存储区 AOW0 区以输出 0~10 V 的电压,最后通过变频器进行电机的变频调速。该系统开环控制效果如下:设定值 200 r/min,实际转速为 216 r/min;设定值 500 r/min,实际转速是 537 r/min。结果表明,开环控制系统没有反馈,存在偏差,不能做到精确控制。

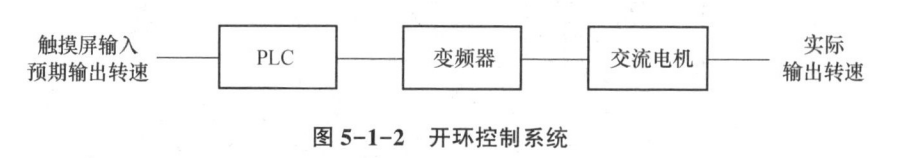

触摸屏输入预期输出转速 —— PLC —— 变频器 —— 交流电机 —— 实际输出转速

图 5-1-2 开环控制系统

2. 测速功能

三相异步交流电动机测速比较典型的是使用 M/T 法。测频法(M 法)是测量在一定时间内所产生的脉冲数来计算出速度,适合测量高速;测周法(T 法)是根据相邻两个脉冲之间的时间来获得电动机转速,适合测量低速;M/T 法是同时测量一定时间内产生的脉冲数和两个相邻脉冲之间的时间来测量得出电动机的转速。因为实验电动机转速属于高速测量范畴,所以采用测频法测量电机转速。测速过程中使用到了 PC 中的高速计数器功能,高速计数器响应速度快、计数频率高,与普通计数器相比更加适合测量高速。

将编码器通过联轴器与电机轴相连,编码器安装在特定的支架上,随着电机轴的转动,编码器输出一系列脉冲,通过 PLC 的高速计数器对脉冲进行计数系统选用 HCS0 的模式 0,通过将 16#FC 写入到存储区 SMB37、将 0 写入到 SMD38 来设置该模式。获取 50 ms 内高速计数器的所计脉冲数,为精确起见,连续采集数据 10 次,再求平均值 m。该项目所用编码器分辨率为 400,因此电机转速为 $[60m/(50\times0.001)]/400(r/min)$

3. 闭环控制功能

在转速控制要求比较高的场合,开环控制无法达到要求,必须加反馈,构建闭环系统,如图 5-1-3 所示。该系统采用 PID 控制器,PLC 中集成了专门的 PID 控制指令,能够实现转速的精确控制。

图 5-1-3 闭环反馈控制系统

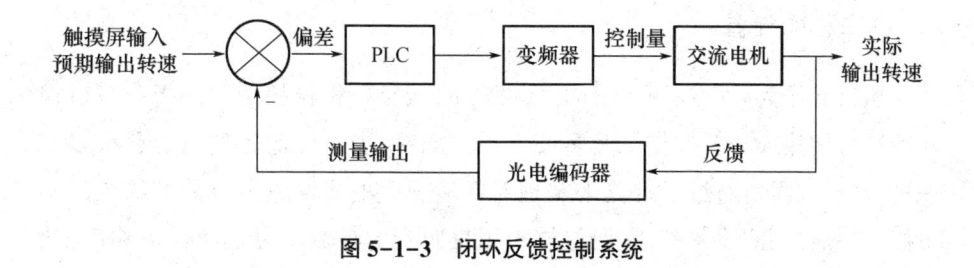

第二节 温度控制系统的精确控制与实现

一、温度控制系统的基本组成

(一)温度传感器

温度传感器在温度控制系统中扮演着感知环境温度变化的重要角色,作为系统的"感官",其实时监测能力对确保系统稳定运行至关重要。目前市场上常见的温度传感器,如热电偶、热电阻以及半导体温度传感器等,均能将环境中的温度信号精准地转换为可读取的电信号,供控制系统进一步处理。这些传感器的精度和响应速度是衡量其性能的关键指标,它们直接影响控制系统对环境温度变化的敏感度和调节准确性。因此,在选择温度传感器时,必须充分考虑其精度和响应速度,以确保整个温度控制系统的准确性和稳定性。

(二)控制器

控制器是温度控制系统的"大脑",承担着核心处理任务,它负责接收来自温度传感器的实时信号,并与预设的温度值进行比较。一旦发现偏差,控制器便会迅速通过内置的控制算法计算出相应的控制量。这个控制量不仅决定了执行器的具体动作,更是调整被控环境温度的关键。在实际应用中,控制器的选择丰富多样,既可以是经典的 PID 控制器,也可以是融合了现代智能技术的模糊控制器或神经网络控制器。这些不同类型的控制器各具特色,分别适用于不同的应用场景和需求。通过精确而高效的控制算法,控制器能够确保温度控制系统在各种复杂环境下都能保持优异的性能。

(三)执行器

执行器作为温度控制系统的"手足",直接负责根据控制器的指令对被控环境进行加热或冷却操作。其重要性不言而喻,因为无论控制器的算法多么先进,最终都需要通过执行器来实现对环境温度的实际调节。常见的执行器包括电热器、制冷设备等,它们能够根据接收到的控制信号迅速做出响应,从而改变被控环境的温度。执行器的响应速度和精度对系统的整体性能有着直接影响。为了确保温度控制的精确性和稳定性,有时还需要在执行器上配备功率调节器。这种调节器能够精细地调整执行器的功率输出,使其更加精准地匹配控制器的指令要求,从而进一步提高温度控制系统的整体性能和稳定性。

(四)被控对象

在温度控制系统中,被控对象指的是系统所需调节温度的具体环境或设备,涵盖诸如实验室、生产车间、仓储设施等多样化场景。这些被控对象各自拥有独特的物理特性,如热容量、热传导性能等,这些特性对于控制系统的设计与性能发挥具有举足轻重的影响。热容量决定了对象在温度变化时所需吸收或释放的热量,而热传导性能则影响着热量在对象内部的传递速率。因此,在着手设计温度控制系统之初,对被控对象的这些关键特性进行深入理解与充分考量是不可或缺的环节。唯有如此,方能确保所选取的控制策略与参数能够与被控对象的实际特性相匹配,从而实现更为精准且高效的温度控制。

(五)人机界面

人机界面在温度控制系统中扮演着至关重要的角色,它不仅是操作人员与系统之间进行信息交互的桥梁,更是确保系统高效、稳定运行的关键因素。一个优秀的人机界面设计应当秉承简洁明了、易于操作的原则,以便操作人员能够迅速而准确地把握系统的当前运行状态,并根据实际需求进行及时有效的调整。具体而言,人机界面通常包括显示屏、按键、指示灯等组件,其中显示屏用于实时展示系统的各项关键参数,如当前温度、设定温度等;按键则允许操作人员对系统进行手动控制或参数设置;而指示灯则通过不同的颜色和闪烁频率来反映系统的运行状态或故障信息。通过这些直观且人性化的设计,人机界面能够极大地提升操作人员的工作效率,同时也为温度控制系统的稳定运行提供有力保障。

二、精确控制策略的设计与实现

(一)PID 控制算法的应用

PID 控制算法,即比例-积分-微分控制算法,在温度控制系统中占据着举足轻重的地位。该算法通过精准地调整比例、积分和微分三个关键参数,能够实现对温度变化的迅速响应与高精度控制。比例环节根据当前误差进行快速调整,积分环节则用于消除系统稳态误差,提高控制精度,而微分环节则预测未来误差变化趋势,提前进行调整,从而有效减小超调量和调节时间。在实际工程应用中,PID 参数的选择至关重要。它们需要根据被控对象的具体特性,如热惯性、热传导性能等,以及控制要求,如控制精度、响应速度等,进行合理调整。通过细致的参数整定与优化,PID 控制算法能够充分发挥其优势,确保温度控制系统在各种工况下均能保持优异的控制性能。此外,PID 控制算法还具有良好的鲁棒性和适应性。即使在面对系统参数变化或外部扰动时,它也能通过自身的调节机制,迅速恢复稳定状态,保持对温度的高精度控制。这使得 PID 控制算法在温度控制系统中得到了广泛应用和高度认可。

(二)智能控制技术的应用

随着科技的不断进步,智能控制技术已成为温度控制系统领域的研究热点。其中,模糊控制和神经网络控制等先进方法的应用日益广泛,为温度控制带来了革命性的变革。模糊控制以其独特的处理不确定性问题的能力而著称。在温度控制系统中,模糊控制能够根据温度变化的模糊性和非线性特点,制定出一套灵活有效的控制规则。这些规则能够自适应地调整系统参数,使温度控制更加精准和稳定。即使面对复杂的工况变化,模糊控制也能迅速做出响应,确保系统始终运行在最佳状态。神经网络控制则凭借其强大的学习和泛化能力在温度控制系统中崭露头角。通过模拟人脑神经元的结构和功能,神经网络能够建立起复杂的非线性映射关系,从而精确描述温度控制系统的动态特性。在实际应用中,神经网络控制能够根据历史数据和当前状态预测未来温度变化趋势,并提前做出相应的控制决策。

三、硬件选择与配置优化

(一)高精度温度传感器的选用

在构建温度控制系统时,高精度温度传感器的选用是确保系统性能的关键环节,为了实现温度的精确测量,必须优先考虑传感器的精度和稳定性。高精度传感器能够提供更接近真实值的测量数据,从而减小系统误差,提高控制精度。同时,传感器的稳定性也至关重要,它决定了传感器在长时间工作过程中能保持一致的测量性能。除了精度和稳定性,响应速度和抗干扰能力也是选择温度传感器时需要考虑的重要因素。响应速度快的传感器能够更及时地反映被控对象的温度变化,为控制系统提供实时的反馈信息。而抗干扰能力强的传感器则能够在复杂的工作环境中保持稳定的测量性能,减少外部干扰对测量结果的影响。

(二)控制器与执行器的匹配与优化

在温度控制系统中,控制器与执行器的匹配与优化对于提升系统整体性能具有至关重要的作用。控制器作为系统的"大脑",负责根据温度传感器的反馈信号计算出相应的控制指令。而执行器则扮演着将控制指令转化为实际动作的角色,直接对被控对象进行操作以调节其温度。为了实现最佳的控制效果,必须在选择控制器和执行器时充分考虑其性能指标,并进行合理的优化配置。一方面,控制器的控制精度必须与执行器的响应速度相匹配。如果控制器的精度过高而执行器的响应速度过慢,将导致系统无法及时准确地调节温度,反之亦然。另一方面,稳定性是另一个需要关注的重点。控制器和执行器都需要具备良好的稳定性,以确保系统在长时间运行过程中能够保持稳定的控制性能。为了实现控制器与执行器的最佳匹配与优化,可以采取多种策略。例如,可以通过实验测试来确定不同型号控制器和执行器的组合性能,从而选择出最适合系统需求的配置方案。此外,还可以利用先进的控制算法和技术来优化控制器的性能,提高其对温度变化的敏感度和调节准确性;同时,对于执行器来说,也可以采用智能调节技术来实现更精细的功率调节,以进一步提升系统的控制精度和稳定性。

四、软件设计与调试技巧

(一)控制算法的软件实现

控制算法的软件实现是温度控制系统开发流程中的核心步骤之一,涉及将精心设计的控制算法通过软件编程转化为可执行的代码,从而确保系统能够按照预定的控制逻辑运行。在编程实践中,确保算法的准确性至关重要,因为任何微小的编码错误都可能导致系统行为的偏差,进而影响温度控制的精确性。此外,实时性也是一个不可忽视的要素。温度控制系统往往需要迅速响应环境温度的变化,因此,算法的实现必须高效,能够在极短的时间内完成计算并输出控制指令。除了功能性的要求,代码的简洁性和可读性同样重要。一个结构清晰、注释充分的代码库不仅有助于开发人员之间的协作,还能在后期维护和系统升级时显著提高效率。通过采用模块化编程、合理使用数据结构和算法优化等手段,可以实现控制算法的高效且稳定的软件应用,为温度控制系统的成功运行奠定坚实基础。

(二)系统调试与性能评估

系统调试与性能评估是温度控制系统开发过程中不可或缺的环节。在完成软件设计后,对整个系统进行全面的调试至关重要,这有助于发现并修正潜在的问题和错误,确保系统能够按照设计要求稳定运行。调试过程中,应实时监测并记录系统的各项运行数据,包括温度波动范围、控制指令的执行情况、异常事件的出现频率等。性能评估则是通过对比分析这些实际运行数据,对系统的控制精度、稳定性、响应时间等关键性能指标进行量化评价。这一步骤不仅有助于验证系统是否满足设计要求,还能为进一步优化控制策略和参数设置提供有力支持。通过反复进行调试和性能评估,可以不断提升温度控制系统的整体性能,从而更好地满足实际应用场景的需求。此过程可能涉及对控制算法的微调、硬件配置的调整以及软件代码的优化等多个方面,旨在确保系统在各种工作条件下都能保持卓越的性能表现。

第三节　单轴定位控制的精度提升实验

一、单轴定位控制的重要性

(一)制造业中的关键作用

在制造业领域,单轴定位控制发挥着举足轻重的作用,它是实现精确加工、装配以及质量检测等核心生产环节不可或缺的技术支撑。通过精确掌控单个轴线的位置和运动轨迹,制造业能够确保生产流程的高精度执行,进而保障产品的品质达到预设标准。这种高精度控制不仅提升了产品的合格率,还有效地缩短了生产周期,从而提高了整体生产效率。更重要的是,高精度的单轴定位控制在提升产品质量的同时,也显著增强了产品的可靠性和耐用性,这无疑为制造企业赢得了市场竞争中的关键优势。此外,随着现代制造业对工艺要求的日益严格,单轴定位控制技术的精确性和稳定性已成为衡量企业制造能力的重要指标之一。

(二)自动化与智能化生产的基础

自动化与智能化生产已成为现代工业发展的必然趋势,而单轴定位控制在这一进程中扮演着至关重要的角色。精确的单轴定位技术为机器人和自动化设备提供了准确无误的运动指令,确保其能够高效、精准地完成各项任务。这不仅大幅提升了生产线的自动化水平,还为智能化生产奠定了坚实基础。通过高度精确的单轴定位控制,机器人和自动化设备能够在复杂多变的生产环境中实现自主导航、精准操作以及高效协同,从而极大地提高了生产效率和灵活性。此外,随着人工智能技术的不断融入,单轴定位控制与智能算法的深度结合将进一步推动自动化生产的智能化升级,为工业 4.0 时代的到来奠定坚实的技术基础。

(三)科学研究与实验的需求

在科学研究与实验领域,单轴定位控制同样展现出其不可或缺的价值,众多精密实验和测试对于设备的位置控制精度有着极为苛刻的要求,而单轴定位控制正是满足这一需求的关键技术。通过高精度的单轴定位,科研人员能够确保实验设备的准确放置和稳定运动,从而有效避免实验误差的产生,保证实验结果的准确性和可靠性。无论是在微观世界的探索,还是在宏观物理现象的研究中,单轴定位控制都发挥着举足轻重的作用。此外,随着科学技术的不断进步,单轴定位控制技术的精确性和稳定性也在持续提升,为科学研究和实验提供了更为强大的技术保障。

二、精度提升的需求与意义

(一)市场需求分析

1. 高精度制造业的发展趋势

在当今制造业的转型与升级浪潮中,高精度制造已然成为引领行业前行的核心力量。这一趋势的形成,既源于市场对产品品质与性能的不断提升的需求,也归功于技术进步为制造业带来的革命性变革。高精度产品,以其超凡的精度、稳定性和可靠性,赋予了产品更高的附加值,从而在激烈的市场竞争中脱颖而出。单轴定位控制作为高精度制造的关键技术之一,其精度能否提升直接关系到产品质量的优劣和生产效率的高低。因此,为了满足高精度制造业日益增长的发展需求,不断提升单轴定位控制的精度显得尤为重要。

2. 客户对精度的要求不断提高

在科技日新月异、市场竞争日趋激烈的背景下,客户对设备精度的要求呈现出持续提高的态势。这种对精度的追求,不仅体现在对产品尺寸、形状等物理特性的精确把控上,更延伸到设备在运行过程中的稳定性、可靠性和耐久性等方面。高精度的单轴定位控制,作为提升设备整体性能的关键环节,能够显著减少运动误差,提高定位精度和响应速度,从而确保设备在各种复杂工况下都能保持优异的表现。因此,为了满足客户对高精度、高质量产品的迫切需求,制造业必须不断突破单轴定位控制技术的瓶颈,推动其向更高精度、更智能化的方向发展。

(二)技术进步推动

1. 自动化与智能化技术的发展

自动化与智能化技术的迅猛进步为当代工业控制领域带来了革命性的变

革。在这一进程中,单轴定位控制精度的提升显得尤为关键,而自动化与智能化技术的最新成果为其提供了强大的技术支撑。通过引入先进的控制技术,如自适应控制、模糊逻辑控制等,单轴定位控制系统能够更精确地应对各种复杂环境和不确定因素,从而实现更高精度的定位。同时,现代传感器技术的飞速发展也为单轴定位控制精度的提升做出了重要贡献。高精度的传感器能够实时监测并反馈位置、速度和加速度等关键参数,为控制系统提供准确的数据支持,进而确保定位的精确性。此外,算法优化在提升单轴定位控制精度方面也发挥了不可或缺的作用。通过采用先进的优化算法,如遗传算法、粒子群优化等,可以对控制系统的参数进行精细调整,以达到最佳的定位效果。

2. 新材料与新工艺的应用

随着科技的不断进步,新材料与新工艺在工业领域的应用日益广泛,这对单轴定位控制的精度提出了更为严格的要求。以微电子制造和精密机械加工为例,这些领域所使用的先进材料和独特工艺要求极高的加工精度,以确保产品的性能和可靠性。新材料如高性能陶瓷、复合材料等的引入,以及新工艺如激光加工、超精密磨削等的应用,都使得加工过程中的微小误差都可能对最终产品的质量和性能产生显著影响。因此,为了满足新材料与新工艺对加工精度的苛刻要求,必须借助高精度的单轴定位控制技术。这种技术能够确保加工工具或零件在微米甚至纳米级别的精确移动,从而最大程度地减少加工误差,提高产品质量。

(三)精度提升的意义

1. 提高产品质量和生产效率

在制造业中,产品质量和生产效率是企业竞争力的核心要素,而单轴定位控制精度的提升,对于这两个方面均有着直接且显著的影响。通过高精度控制,企业能够显著减少加工过程中的误差,确保产品尺寸的精确性和形状的一致性。这不仅提高了产品的合格率,降低了废品率,还使得产品性能更加稳定可靠。同时,高精度的单轴定位控制还有助于缩短生产周期。由于加工误差的减少,生产过程中的调整和修正时间得以缩减,从而提高了整体生产效率。

2. 增强设备性能和市场竞争力

高精度的单轴定位控制是提升设备性能的关键技术之一。通过精确控制设备的运动轨迹和位置,企业能够生产出更高品质的产品,满足客户对高精度、高质量的需求。这种设备性能的提升不仅增强了产品的市场竞争力,还使得企业在激烈的市场竞争中脱颖而出。同时,高精度设备还能提升客户满意度。由于产品质量的提升和性能的稳定,客户对产品的信任度和满意度得以提高,从而为企业赢得了更多的市场份额和口碑。

3. 推动相关产业的发展

单轴定位控制精度的提升不仅促进了自身产业的发展,还对相关产业产生了积极的推动作用。以航空航天和汽车电子为例,这些领域对设备的精度和可靠性有着极高的要求。高精度单轴定位控制技术的应用,使得这些领域能够生产出更高性能、更精确的产品,提升了整个产业链的技术水平和附加值。同时,随着单轴定位控制技术的不断进步和应用领域的拓展,相关产业也迎来了更多的发展机遇和挑战。

三、步进电动机单轴定位控制实验

(一)实验目的

(1)学习和掌握步进电动机及其驱动器的操作和使用方法。
(2)学习和掌握步进电动机单轴定位控制方法。
(3)学习和掌握 PLC 单轴定位模块的基本使用方法。

(二)预习要点

(1)影响步进电动机单轴定位精度的主要因素是什么?
(2)步进电动机驱动数控轴寻找原位的工作原理是什么?

(三)实验项目

(1)输入 PLC 控制程序。
(2)利用 PC 机上的定位程序向 PLC 输入定位程序。

步进电动机(Stepping Motor)是把电脉冲信号变换成角位移以控制转子转动的微特电动机,在自动控制装置中作为执行元件存在。每输入一个脉冲信号,步进电动机前进一步,故又称脉冲电动机。每给一个脉冲,步进电动机转动一个角度,这个角度称为步距角。运动速度正比于脉冲频率,角位移正比于

■ 电气自动化控制与 PLC 技术的实验与应用研究

脉冲个数。步进电动机典型控制系统框图如图 5-3-1 所示。

图 5-3-1 步进电动机典型控制系统框图

由于步进电动机需要正反转运动,因此定位单元的输出脉冲形式有"脉冲+方向"和"正脉冲+负脉冲"两种,它们均可控制步进电动机正反转运动。输出脉冲形式通过参数设定来选择。其脉冲形式如图 5-3-2 所示。

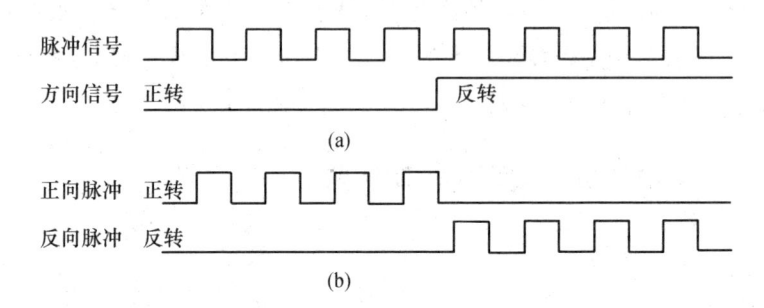

图 5-3-2 定位模块的两种输出脉冲形式

(a)脉冲+方向　(b)正脉冲+负脉冲

因为步进电动机的电磁惯性和所驱动负载的机械惯性,速度不能突变,所以定位模块要控制升降频过程。步进电动机升、降频过程如图 5-3-3 所示。一般情况下, $S_2 = S_3$。

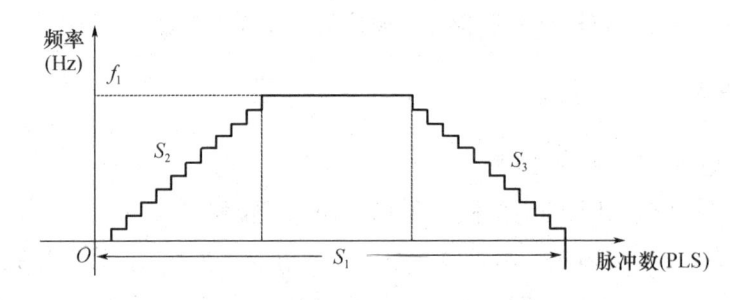

图 5-3-3 步进电动机升、降频示意图

式中：f_1 为设定的运行频率，应小于步进电动机的最高频率；S_1 为设定的总脉冲个数；S_2 为升频过程中脉冲个数，由加速时间和运行频率确定；S_3 为降频过程中脉冲个数，由减速时间和运行频率确定。

步进电动机驱动器将位置定位模块的输出脉冲信号进行分配并放大后驱动步进电动机的各相绕组，依次通电而旋转。驱动器也可接受两种不同形式的脉冲信号，通过开关来选择，定位模块和驱动器的脉冲形式要相同。另外，为了提高步进电动机的低频性能，驱动器一般具有细分功能，多个脉冲步进电动机转动一步，细分系数一般为 1、2、4、8、16、32 等几种，通过拨码开关来设定。

位置定位模块、步进电动机及驱动器种类很多，本实验中采用的是西门子 S7-200 系列 PLC 中的位置控制模块 EM253，该模块与 PLC 相连，可以单独或同时控制两个步进电动机，步进电动机和驱动器为和利时产品。实验系统结构框图如图 5-3-4 所示。

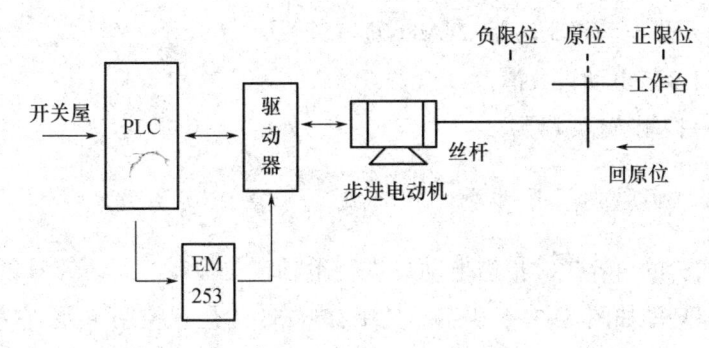

图 5-3-4 实验系统结构框图

工作原理：PLC 及 EM253 实现对步进电动机系统的通电控制和定位控制，步进电动机通过丝杆带动工作台做直线运动。

步进电动机转动一步，机械实际移动的位移量称为脉冲当量，脉冲当量是数控系统中很重要的参数。实验系统中，步进电动机与丝杆直接连接，因此，脉冲当量的计算公式为：

脉冲当量 = 丝杆螺距/[360°/(步距角×细分系数)]

在实验系统中，丝杆的螺距为 5 mm，步进电动机的步距角为 1.8°，细分系数为所设定的数据。

正限位和负限位开关的安装位置由丝杆的导程确定，保证丝杆不被损坏，

■ 电气自动化控制与 PLC 技术的实验与应用研究

即这两个开关的位置确定后,定位模块保证工作台的运动只能在这两个行程开关之间进行。原位开关用来确定机械坐标原点的位置。位置控制模块回原点操作,就是使机械原点和电气原点统一。

（四）实验仪器

(1)可调直流稳压电源(0~30 V),1 台。

(2)PC 机,1 台。

(3)PLC,1 台。

(4)EM253,1 个。

(5)编程电缆,1 根。

(6)断路器(QF$_1$、QF$_2$),2 个。

(7)继电器(KA),1 个。

(8)接触器(KM),1 个。

(9)步进电动机驱动器(2CM860),1 个。

(10)步进电动机及滑台,1 套。

(11)控制按钮,若干。

（五）实验内容及步骤

本实验的内容是对步进电动机进行单轴定位控制。其研究对象为轴,控制系统原理图如图 5-3-5 所示。其中,EM253 为位置控制单元,它可实现单轴位置控制。

(1)学生根据图 5-3-5 接线(为安全起见,步进电动机 M 和步进电动机驱动器 2CM860 的主控电路以及 PLC 外围的继电器 KA、接触器 KM 输出线路已接好)。

(2)征得老师同意后,合上断路器 QF$_1$ 和 QF$_2$;将编程电缆连于 PLC 上,利用 PC 机上的编程软件"MICRO/WIN V4.0 SP9"向 PLC 输入 PLC 控制程序(此时,PLC 的状态开关拨向编程位置"STOP")。

(3)将编程电缆连于 PLC 上,利用 PC 机上的定位程序向 PLC 输入定位程序。

(4)将 PLC 的状态开关拨向运行位置"RUN",运行 PLC,接触器 KM 的主触点闭合,步进电动机驱动器 2CM860 得电。

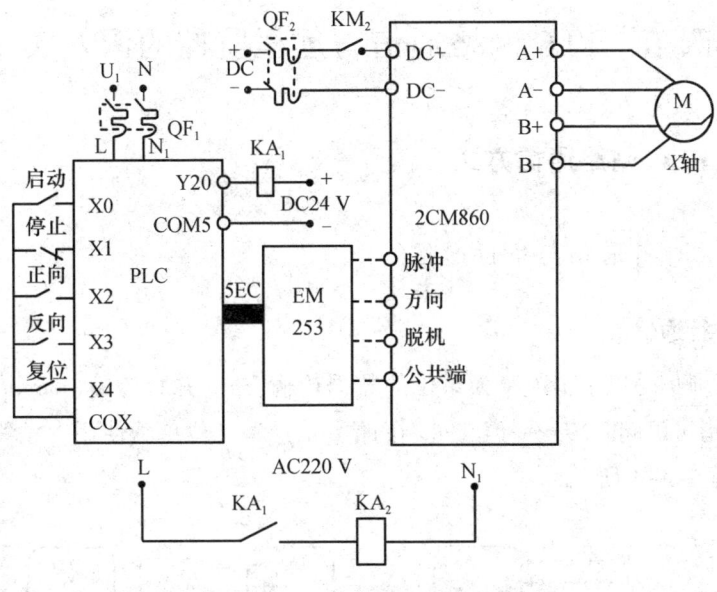

图 5-3-5　控制系统原理图

(5)按"复位"按钮,X 轴复位。读取此时指针指向的标尺位置 A。

(6)按"启动"按钮,运行 EM253,使 X 轴以 1 000 脉冲/s 的速度正向移动 50 mm,读取此时指针指向的标尺位置 B。

(7)按"停止"按钮,EM253 停止运行。

(8)修改定位程序,重复上述(4)~(7)步,使 X 轴以 10 000 脉冲/s 的速度运行,观察并记录 X 轴运行状况。

(9)修改定位程序,重复上述(4)~(7)步,使 X 轴以 200 脉冲/s 的速度运行,观察并记录 X 轴运行状况。

(10)将 PLC 左下角的拨动开关拨向编程位置"STOP"或使 PLC 断电,接触器 KM$_2$ 的主触点断开,电动机驱动器 2CM860 断电。

(六)实验报告及思考题

(1)接近开关的灵敏度对原位精度测试有何影响?

(2)什么叫前极限、后极限、机械原点、电气原点?

(3)什么是步进电动机的工作频率、最高频率、突跳频率、振动频率?

第四节　PLC 网络通信与远程监控的深入实验

一、PLC 网络通信方式

(一)并行通信与串行通信

1. 并行通信

并行通信是以字节或字为单位的数据传输方式,并行传输(parallel transmission)指可以同时传输一组二进制的位(bit),每一位单独使用一条线路(导线),如图 5-4-1 所示。

图 5-4-1　并行通信与串行通信

(a)并行通信　(b)串行通信

并行通信通常利用 8 位或 16 位数据线和一根公共线进行数据传输,同时还需要额外的数据通信联络控制线。其传输速度快,因此常被用于 PLC 内部通信,例如 PLC 内部元件间、PLC 主机与扩展模块之间,或者近距离智能模块间的数据交换。

2. 串行通信

串行通信则是以二进制位(bit)为单位来传输数据,每次仅传输一位数据。除了地线,它在单一数据传输方向上仅依赖一根数据线,此线同时承载数据与通信控制信号。这使得串行通信在远距离传输场景中表现优异。计算机和 PLC 设备通常配备标准的串行通信接口,这种通信方式在工业网络控制中广泛应用,如 PLC 与计算机之间或多台 PLC 之间的数据交换。串行通信的传输速率以比特率(每秒传送的二进制位数)来衡量,单位为比特/秒(bit/s),它是评估通信速度的关键指标。标准的传输速率包括 600 bit/s、1 200 bit/s、2 400 bit/s、4 800 bit/s、9 600 bit/s 及 19 200 bit/s 等。

(二) 单工通信与双工通信

串行通信按信息在设备间的传送方向可分为单工、双工两种方式,如图 5-4-2 所示。

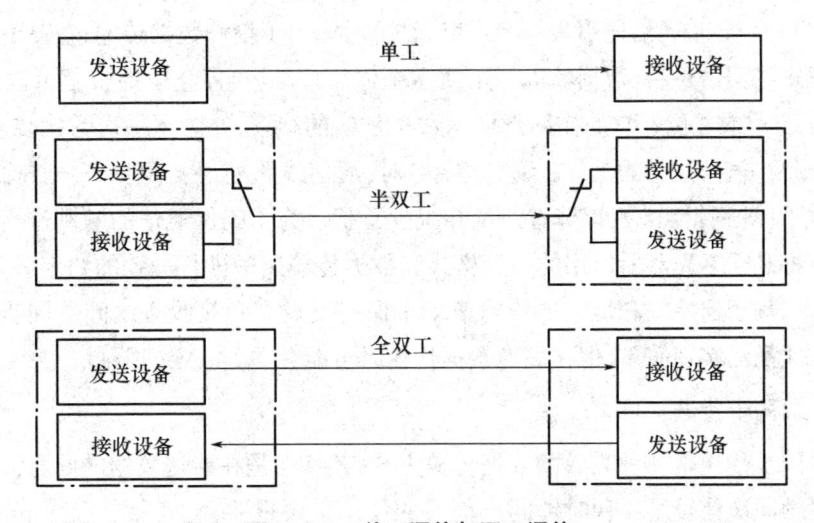

图 5-4-2 单工通信与双工通信

单工通信仅允许数据沿一个方向传输,要么是发送,要么是接收。而双工通信则能实现数据的双向传输,即每个站点既可以发送也可以接收数据。双工通信进一步分为全双工和半双工两种模式。在全双工模式下,数据的发送和接收是通过两根或两组独立的数据线来完成的,这使得通信双方能够同时发送和接收信息。相对而言,半双工模式则是通过同一根或同一组数据线来完成数据的发送和接收,但通信双方在同一时间内只能选择发送或接收数据,不能同时进行。在 PLC 网络通信中,半双工和全双工通信方式都是常用的。

(三) 异步通信与同步通信

在串行通信中,通信的速率与时钟脉冲有关,接收方和发送方的传送速率应保持相同。但是实际的发送速率与接收速率之间总是有一些微小的差别,在连续传送大量的信息时,将会因积累误差产生错位,使接收方收到错误的信息。为了解决这一问题,需要使发送和接收同步。按同步方式的不同,可将串行通信分为异步通信和同步通信。

1. 异步通信

异步通信,作为一种常见的数据传输方式,其数据帧格式具有特定的结构。具体来说,它由一个起始位开始,该起始位标志着数据传输的开始,确保了接收方能准确识别数据流的起点。紧接着的是 7 到 8 个数据位,这些数据位承载着实际要传输的信息,是通信过程中的核心部分。此外,为了校验数据的完整性,异步通信还引入了一个奇偶校验位,用于检测数据传输过程中是否出现了错误。最后,数据帧以一个或多个停止位结束,停止位的长度可以是 1 位、1.5 位或 2 位。它的作用是标识数据传输的结束,并为下一次数据传输做好准备。值得注意的是,在不发送字符时,通信线路处于空闲状态,通常保持高电平(即逻辑"1"),以节省能量并减少干扰。为了确保通信的顺利进行,通信双方必须事先对所使用的信息格式和数据传输速率进行一致的约定。异步通信依赖于起始位和恒定的传输速率来保持发送方和接收方之间的同步,这种方式虽然实现简单,但在高速数据传输时可能会受到一定的限制。

2. 同步传送

同步传送是一种高效的数据传输方式,其特点是在传送数据的同时,还传递时钟同步信号。这种时钟同步信号的作用至关重要,它确保了数据的发送方和接收方能够按照精确的时间点进行数据的采集和处理。通过这种方式,同步传送能够实现数据的连续、高速传输,有效提高了通信系统的整体性能。然而,这种传输方式对通信系统的要求也相对较高。一方面,发送方和接收方必须具备精确的时钟同步机制,以确保数据的准确采集;另一方面,通信线路的质量和稳定性也对同步传送的性能有着重要影响。因此,在实际应用中,同步传送通常被用于对数据传输速率和准确性要求较高的场景,如高清视频传输、实时控制系统等。尽管其实现复杂度相对较高,但同步传送在提升数据传输效率和可靠性方面的优势仍然使其在现代通信系统中占据着重要地位。

二、远程监控系统的设计与实现

(一)系统设计

1. 系统架构规划

在系统架构规划阶段,核心任务是确立远程监控系统的整体构造,不仅涉及前端的用户交互界面设计,后端的数据处理与业务逻辑实现,还包括数据库的结构设计与优化。前端作为用户与系统的直接交互点,其设计需注重用户体验与操作的便捷性。后端则承载着数据处理、业务逻辑实现以及与前端的通信等重要功能,其稳定性和高效性至关重要。数据库作为系统的数据存储与检索中心,其设计应兼顾数据的存取效率与数据安全性。此外,选择合适的通信协议和技术栈也是系统架构规划中的关键环节,它们将直接影响到系统的通信效率、数据传输的准确性和系统的可扩展性。

2. 功能模块划分

功能模块划分是远程监控系统设计的关键环节。在此阶段,需要明确系统所必需的各种功能模块,如数据采集、实时监控、远程控制等,并详细规划各模块之间的交互方式和数据流。数据采集模块负责从 PLC 等设备中获取实时数据,确保数据的准确性和时效性。实时监控模块则负责将采集到的数据以直观的方式展示给用户,帮助用户实时了解系统的运行状态。远程控制模块允许用户通过界面发送控制指令,对远程设备进行操控。

3. 界面设计

一个直观易用的用户界面能够显著提升操作人员的工作效率和用户体验。在设计过程中,应充分考虑操作人员的习惯和需求,确保界面布局合理、操作便捷。同时,还需兼顾不同设备的显示效果和交互体验,如电脑、平板、手机等,以确保用户在不同设备上都能获得良好的操作体验。此外,界面的美观性也是不可忽视的因素,一个美观且符合现代设计趋势的界面能够增强用户对系统的好感度,提升系统的整体品质感。

(二)系统实现

1. 软件开发

在远程监控系统的软件开发阶段,主要任务包括编写前端和后端代码,以实现用户界面的展示和业务逻辑的处理。前端代码的开发需注重用户体验,确保界面交互的流畅性和直观性,同时需兼容多种浏览器和设备。后端代码则负责处理业务逻辑,如数据接收、处理、存储和发送等,其稳定性和安全性至关重要。为了提高开发效率,通常会集成一些成熟的第三方库或框架,这些库或框架能够提供丰富的功能和组件,减少开发人员的工作量,同时保证代码的质量和可维护性。

2. 数据库配置

数据库在远程监控系统中扮演着数据存储和管理的核心角色。在数据库配置阶段,需要设计合理的数据库表结构来存储监控数据和配置信息。这要求对数据模型和数据关系有深入的理解,以确保数据的完整性和一致性。同时,还需对数据库性能进行优化,包括索引的创建、查询的优化、存储过程的编写等,以提高数据的读写效率。这些措施能够确保系统在处理大量数据时仍能保持高效稳定的运行。

3. 通信接口开发

通信接口是实现 PLC 与远程监控系统之间数据交换的关键环节。在通信接口开发阶段,需要实现 PLC 与监控系统之间的通信协议,确保数据传输的准确性和实时性。这要求开发人员对 PLC 的通信机制有深入的了解,并能够根据实际需求选择合适的通信协议和技术方案。同时,还需考虑数据传输的安全性,采取必要的加密和验证措施,防止数据泄露和非法访问。

4. 系统测试与调试

系统测试与调试是确保远程监控系统质量的重要环节。在这一阶段,需要对各个功能模块进行单元测试,验证其功能的正确性和稳定性。单元测试能够及早发现并修复潜在的问题,提高系统的可靠性。同时,还需进行系统集成测试,以验证系统整体运行的稳定性和各模块之间的协调性。集成测试能够模拟实际运行环境,全面评估系统的性能和表现。通过严格的测试和调试过程,能够确保远程监控系统在实际应用中达到预期的效果和要求。

三、数据通信与远程监控实验

(一)数据通信实验

1. 通信协议测试

通信协议测试的核心目标是深入验证所选通信协议在可编程逻辑控制器(PLC)与远程监控系统之间的兼容性和稳定性。兼容性的验证是为了确保 PLC 与远程监控系统能够无缝对接,实现数据的顺畅交换;而稳定性的验证则是为了保障在长时间运行过程中,通信协议能够持续、稳定地支持数据传输,避免协议问题导致的通信中断或数据丢失。在测试过程中,需要对协议的传输效率、错误率以及数据包的完整性进行详尽的记录与分析。传输效率的高低直接影响到系统的实时性和响应速度,因此是评估通信协议性能的重要指标。错误率则反映了协议在传输过程中的准确性,高错误率可能导致数据失真,进而影响监控系统的决策准确性。数据包完整性测试则是为了确保数据在传输过程中未被篡改或丢失,这是保障数据的安全性和可靠性的基础。

2. 数据传输实验

数据传输实验是数据通信实验中的关键环节,其实验重点在于模拟和检测 PLC 与远程监控系统间的实际数据传输流程。这一过程涵盖了数据的打包、发送、接收以及解包等多个核心步骤,每个步骤的准确性和效率都直接关系到整个数据传输的质量。在实验过程中,研究人员需特别关注数据的传输速度、准确性以及整个传输过程的稳定性。传输速度是评估数据传输效率的重要指标,它直接影响到远程监控系统的实时响应能力。准确性则关系到传输数据的真实性和可靠性,是确保监控系统做出正确决策的基础。而稳定性则是指在各种网络环境下,数据传输过程能否保持持续、稳定,不因外界干扰而中断或出错。此外,实验还需全面考虑不同网络环境对数据传输的潜在影响。

3. 故障模拟与恢复

故障模拟与恢复实验在数据通信和远程监控系统的测试中占据着至关重要的地位,该实验的主要目的是深入检验系统在遭遇通信故障时的应对策略和恢复机制。通过人为地模拟各种可能的通信故障,如数据包丢失、传输延迟或连接中断等,研究人员能够全面观察并记录系统的实时反应和恢复过程。这一环节的实施不仅有助于发现系统在设计或配置上的潜在问题,更能为实际运行维护中的故障排查和处理提供宝贵的参考和经验积累。例如,通过模拟故障,可以测试系统的容错能力,即在发生故障时,系统能否自动检测到问题并采取相应的补救措施,以确保数据的完整性和系统的持续运行。此外,实验还可以针对系统的恢复机制进行测试和优化,在故障发生后,系统应能迅速启动恢复程序,将损失降到最低。

(二)远程监控实验

1. 实时监控功能验证

实时监控功能验证环节的目的是全面测试远程监控系统能否精确且即时

地展示由可编程逻辑控制器(PLC)所采集的现场数据。在验证过程中,需要对数据的刷新频率进行详尽的考察,以确保监控系统能够提供最新、最准确的数据信息。刷新频率的高低直接影响到监控系统的实时性,是评估其实时监控能力的重要指标。同时,显示的准确性也是不容忽视的验证要点。监控系统所展示的数据必须与PLC实际采集的数据保持一致,以确保决策者能够基于准确的信息做出合理的判断和决策。此外,监控界面的响应速度也是验证过程中的一个关键环节,一个高效的监控系统应当具备快速响应的能力,以便用户能够流畅地进行操作并获得及时的反馈。

2. 远程控制功能测试

远程控制功能测试是验证远程监控系统对PLC设备操控能力的重要步骤。该测试的核心在于通过远程监控系统的界面发送控制指令,并严密观察PLC设备对这些指令的响应状况。在这一过程中,指令传输的准确性至关重要,它直接关系到远程控制的成功与否。任何误传或漏传的指令都可能导致设备操作失误,进而影响整个系统的稳定运行。除了指令传输的准确性外,执行效果也是评估远程控制功能的重要指标。一个优秀的远程监控系统应当能够确保指令在PLC设备上得到精确执行,且执行过程中不出现任何偏差或延迟。同时,反馈信息的实时性也不容忽视。监控系统需要能够及时地将PLC设备的执行状态反馈给用户,以便用户根据实际情况做出调整。

3. 报警与通知功能实验

在实验过程中,研究人员需要模拟出各种可能导致报警的情境,例如数据超过预设的安全范围或设备出现故障等。随后,他们需密切观察系统在这些情况下的报警响应以及通知信息的发送情况。报警的准确性是此次实验的首要关注点。系统必须在检测到异常情况时迅速且准确地触发报警,以避免误报或漏报而带来的潜在风险。同时,报警的及时性也至关重要。一个高效的监控系统应当在异常发生的瞬间即刻发出报警,以便相关人员能够迅速做出响应。此外,通知方式的可靠性同样不容忽视。系统应采用多种通知方式(如短信、邮件、应用推送等),以确保相关人员无论身处何地都能及时接收到报警信息。

第六章　PLC在特殊控制策略中的应用

第一节　PLC在PID控制中的应用与实现

一、PLC在PID控制中的优势

（一）高可靠性与稳定性

PLC(可编程逻辑控制器)在工业自动化领域中扮演着举足轻重的角色，特别是在PID(比例-积分-微分)控制系统中，其高可靠性与稳定性的优势表现得尤为突出。PLC之所以能够在各种恶劣的工业环境中稳定运行，主要得益于其独特的硬件和软件相结合的双重设计。这种设计不仅确保了PLC硬件的坚固耐用，能够有效抵抗外界的物理干扰，而且通过精心设计的软件架构，实现了对系统内部运行状态的实时监控和自诊断。PLC的内部自诊断功能是其高可靠性的又一重要保障。通过这一功能，PLC能够实时监测自身的运行状态，一旦发现异常情况或潜在故障，便能立即触发警报并进行相应的处理。这种自诊断机制不仅有助于及时发现并解决问题，从而避免生产过程中的意外中断，还能确保PID控制过程的连续性和稳定性，进而提高整个生产系统的运行效率。PLC的高可靠性与稳定性并非仅仅停留在理论层面，而是在众多实际应用中得到了广泛验证，无论是在高温、低温、高湿还是多尘等极端环境下，PLC都能保持出色的工作性能，为工业自动化领域的稳定运行提供了有力保障。

（二）强大的数据处理能力

PLC(可编程逻辑控制器)在PID(比例-积分-微分)控制系统中展现出的强大数据处理能力，是其成为工业自动化领域核心控制组件的重要原因之一。这种能力源于PLC的高效数据采集机制，使其能够迅速且准确地捕捉现场的各种数据,如温度、压力、流量等关键过程变量。这些数据是控制系统进行精确调节的基础,对于保证生产过程的稳定性和产品质量至关重要。PLC 内置的数学运算和逻辑处理功能进一步增强了其数据处理能力。通过这些功能,PLC 能够实时地对采集到的数据进行计算和分析,进而生成 PID 控制所需的精确输出值。这种即时响应和处理数据的能力,使得控制系统能够更加灵活地适应生产过程中的各种变化,从而确保生产的高效和稳定。此外,PLC 还支持多种数据通信协议,这一特性极大地扩展了其应用场景和灵活性。通过与上位机、触摸屏等设备的无缝连接,PLC 能够实现远程监控和调试,这不仅提高了控制系统的可维护性,还为企业实现智能化、网络化管理提供了有力支持。

(三)灵活的编程与配置

PLC(可编程逻辑控制器)在 PID(比例-积分-微分)控制系统中展现的灵活编程与配置能力,是其受到广泛青睐的关键因素之一。PLC 提供了多种易于理解和掌握的编程语言,如梯形图、指令表等,这些语言不仅直观易懂,而且功能强大,使得工程师能够根据实际控制需求灵活地编写和调整 PID 控制程序。这种编程的灵活性赋予了控制系统极高的适应性和可定制性,使其能够轻松应对各种复杂多变的工业控制场景。同时,PLC 还支持丰富的配置选项,包括采样周期、控制参数等,这些选项可以根据具体的应用场景进行精细的调整和优化。通过合理的配置,工程师能够确保控制系统在各种工况下都能保持最佳的控制效果,从而提高生产过程的稳定性和效率。

(四)易于维护与扩展

PLC(可编程逻辑控制器)在 PID(比例-积分-微分)控制系统中的另一个显著优势是易于维护与扩展。这一特点得益于 PLC 的模块化设计,其硬件结构清晰、简洁,各个模块之间功能独立且易于替换,从而大大简化了故障排查和维修的流程。当系统出现故障时,工程师可以迅速定位到问题模块并进行更换,有效缩短了维修时间和降低了维护成本。此外,PLC 的软件系统也提供了丰富的诊断工具和调试功能。这些工具能够实时监测系统的运行状态,及时发现并报告潜在问题,帮助工程师快速准确地定位并解决故障。通过这种软件支持,PLC 在 PID 控制中的稳定性和可靠性得到了进一步提升。同时,随着工业自动化的不断发展,PLC系统还表现出了出色的扩展性。PLC的硬件和软件都可以根据实际需求进行方便的升级和扩展,以适应新的控制需求和技术挑战。

二、PLC在PID控制中的基本应用

(一)过程变量的采集与处理

在PID(比例-积分-微分)控制系统中,PLC(可编程逻辑控制器)承担着过程变量采集与处理的关键任务。这些过程变量,诸如温度、压力、流量等,是表征被控对象实时状态的重要参数,对于确保控制系统的精确性和稳定性至关重要。PLC通过其高精度的模拟量输入模块,能够实时地将这些物理量转换为可处理的数字信号。这一转换过程不仅快速而且准确,为后续的数据处理和控制算法实现提供了坚实的基础。在数据采集之后,PLC会进一步对数据进行预处理,包括滤波和线性化等步骤。滤波旨在消除原始数据中的噪声和干扰成分,从而提高数据的信噪比和可靠性;而线性化则是为了将可能存在的非线性关系转换为线性关系,便于后续的控制算法处理。此外,PLC还会执行标度变换操作,将采集到的数字信号转换为与实际物理量相对应的工程值,此变换过程不仅使得操作人员能够更直观地理解和使用这些数据,同时也确保了控制系统在不同物理量单位之间的兼容性和一致性。

(二)PID控制算法的实现

PID控制算法是PLC在PID控制系统中的核心应用,它负责根据设定值与实际过程变量的偏差,通过精确的数学运算,计算出合适的控制量以调节系统状态。这一算法的实现依赖于PLC强大的内部数学运算功能,确保其实时性和准确性。具体来说,PLC首先获取设定值与实际过程变量的偏差,这是控制系统进行调节的依据。接着,通过比例环节快速响应这一偏差,产生与偏差成正比的控制作用,以迅速减小偏差。同时,积分环节对偏差进行积累,以消除系统的静差,提高控制的精度。而微分环节则根据偏差的变化率进行预测,提前产生控制作用,以减少系统的超调量和调节时间。PLC还支持PID参数的在线调整,意味着在实际运行过程中,操作人员可以根据系统的实际响应情况,实时调整PID参数,以达到优化控制的效果。

(三)输出控制信号的生成与调节

在 PID 控制系统中,PLC 不仅负责采集和处理过程变量、实现 PID 控制算法,还承担着输出控制信号的生成与调节任务。这一环节对于确保整个控制系统的闭环稳定性和精确性至关重要。根据 PID 算法计算出的控制量,PLC 会生成相应的输出控制信号。这些信号通过专门的模拟量输出模块或开关量输出模块进行转换和放大,以驱动执行机构(如电动阀、变频器等)按照预定的控制策略动作。在这一过程中,PLC 能够精确控制输出信号的幅值、频率和相位等关键参数,确保执行机构能够准确、快速地响应控制指令。同时,PLC 还会根据系统反馈的实时信息,不断调整和优化输出控制信号。这种闭环控制方式能够及时纠正系统运行过程中出现的偏差和扰动,保证控制系统始终稳定在设定的工作状态下。此外,在输出控制信号的调节过程中,PLC 还具备多种保护功能,如限幅、限速等,以防止执行机构因过载或误操作而损坏,从而确保整个控制系统的安全性和可靠性。

三、PLC 与 PID 控制器的硬件连接

(一)信号输入/输出模块的配置

在 PLC(可编程逻辑控制器)与 PID(比例-积分-微分)控制器的硬件连接中,信号输入/输出模块的配置具有举足轻重的地位。这些模块是 PLC 与外部设备沟通的桥梁,负责将现场的各种物理信号转换为 PLC 能够识别和处理的数字信号,同时也将 PLC 的输出指令转换为能够驱动现场执行机构的控制信号。在进行信号输入/输出模块的配置时,必须根据实际应用需求进行细致的选择。例如,模拟量输入模块主要用于采集如温度、压力、流量等连续变化的模拟信号,其分辨率和精度直接影响到控制系统的准确性和稳定性。而数字量输入模块则用于接收和处理开关状态、传感器触发等离散信号,要求具有快速的响应时间和稳定的性能。此外,还需综合考虑模块的抗干扰能力、环境适应性以及与其他设备的兼容性等因素,通过合理进行配置,可以确保 PLC 与 PID 控制器之间的信号传输准确无误,从而提高整个控制系统的可靠性和性能。

(二)通信接口与协议的选择

在实现 PLC 与 PID 控制器之间的数据交换过程中,通信接口与协议的选择显得尤为关键。通信接口是数据传输的物理通道,而通信协议则是确保数据准确、高效传输的规则和约定。根据控制系统的具体需求,可选择不同类型的通信接口,如串口通信(如 RS-232、RS-485)或网络通信(如 Ethernet)。每种接口都有其特定的传输距离、速率和抗干扰能力,因此需根据实际应用场景来做出最佳选择。同时,通信协议的选择也至关重要。常见的工业通信协议包括 Modbus、Profinet、Ethernet/IP 等,它们各自具有不同的特点和适用范围。在选择通信协议时,应充分考虑数据的实时性、可靠性以及系统的扩展性等因素。

(三)硬件连接与调试步骤

在进行硬件连接时,必须严格按照相关设备的说明书和接线图进行操作,以确保每个接口都能正确、牢固地连接。任何疏漏或错误都可能导致信号传输中断或控制系统失灵,因此这一步骤需要格外细心和严谨。完成硬件连接后,接下来的调试步骤同样至关重要。调试过程中,首先需要检查信号输入/输出模块的工作状态,确保其能够正常采集和传输信号。接着,应对通信接口与协议的稳定性和可靠性进行测试,以验证数据传输的准确性和效率。此外,还需对 PID 控制器的参数进行细致的调整和优化,以达到最佳的控制效果。通过这一系列逐步调试和优化的过程,可以确保 PLC 与 PID 控制器之间的硬件连接稳定可靠,为后续的控制系统设计和实现奠定坚实的基础。

四、PLC 在 PID 控制中的软件实现

(一)PID 控制算法的编程技巧

在 PLC(可编程逻辑控制器)中实现 PID(比例-积分-微分)控制算法,精湛的编程技巧是不可或缺的。首要的是深入理解 PID 算法的基本原理,这涵盖了比例、积分、微分三个核心环节各自的作用及其相互间的协调关系。比例环节能够迅速响应误差,积分环节用于消除系统静差,而微分环节则预测误差变化趋势,提前做出调整。接下来,编程人员需熟练掌握 PLC 的编程语言,如

梯形图(Ladder Diagram)或结构化文本(Structured Text),并依据PID算法的原理,将这些逻辑和数学运算精准地转化为程序代码。在编程实践中,对数据类型的恰当选择、运算精度的严格控制,以及循环执行时间的最优化都是至关重要的,它们共同确保了PID算法的实时性和准确性。此外,编程过程中还需考虑运用一些高级技巧,如积分饱和限制(防止积分过载)和微分先行策略(提前引入微分作用以改善系统响应)。

（二）控制参数的整定与优化

PID控制器的性能表现,在很大程度上依赖于其控制参数的整定与优化。在PLC中实现PID控制功能时,必须通过实验验证或依据丰富经验来调整关键参数,如比例系数、积分时间和微分时间。这些参数的设置直接影响到控制系统的稳定性、快速响应能力和控制精度。整定过程中,工程师们常采用诸如试凑法、临界比例度法或响应曲线法等方法,通过逐步逼近的策略来寻找最佳参数组合。优化阶段则更加注重系统性能的全面提升,通过反复细致地调整参数,力求在稳定性、快速性和准确性之间达到一种理想的平衡状态。

（三）软件抗干扰措施的设计

在PLC的PID控制软件实现过程中,针对复杂多变的工业现场环境,设计有效的软件抗干扰措施是至关重要的。这些措施的目的在于最大限度地减轻或消除各种干扰源对控制信号和系统运行的不利影响,从而确保控制系统的稳定性和可靠性。数字滤波技术是一种常用的抗干扰手段,它能够有效地滤除输入信号中的高频噪声和干扰成分,提高信号的信噪比。通过合理设置滤波器的参数,可以在保留有用信号的同时,最大程度地抑制干扰信号的影响。指令冗余技术则是通过重复执行关键指令来增强系统的抗干扰能力。在PLC程序中,对于某些重要的指令或操作,可以通过多次执行或加入校验机制来确保其正确无误地执行。这种技术可以有效防止单次指令执行错误而导致的系统故障。此外,看门狗技术也是一种重要的软件抗干扰措施。它通过不断监测PLC的运行状态和关键变量的值,一旦发现异常情况(如程序跑飞、变量值异常等),立即触发相应的复位或重启操作,从而确保系统能够快速恢复到正常工作状态。

五、PLC 在 PID 控制系统中的调试与运行

(一)控制系统的调试步骤与方法

控制系统的调试是 PID 控制系统设计与实施中不可或缺的环节,其目的在于验证系统的稳定性和控制效果,确保系统能够按照设计要求正常运行。调试步骤需严谨而细致,遵循一定的方法和流程。初始阶段,必须对 PLC 及外围设备进行全面的检查。这包括确认所有硬件连接正确无误,电源供应稳定,以及各传感器和执行器工作正常。任何硬件上的疏忽都可能导致调试过程中的不稳定或失败。紧接着进行的是软件调试。这一阶段主要检查 PLC 程序是否存在语法错误或逻辑错误。通过逐步执行和监控程序,可以确保 PID 控制算法在软件层面得到正确实现。此外,还需验证程序中的数据处理、逻辑判断以及控制指令是否准确无误。随后进入整体联调阶段,在这一过程中,通过给定不同的设定值,观察并记录系统的响应情况和控制效果。根据系统的实际表现,逐步调整 PID 参数,如比例增益、积分时间和微分时间,以达到最佳的控制性能。

(二)运行过程中的故障诊断与排除

在 PID 控制系统实际运行过程中,故障诊断与排除是确保系统持续稳定运行的关键环节。由于工业环境的复杂性和多变性,系统可能会遭遇各种预料之外的故障。为了快速准确地诊断和排除这些故障,维护人员首先需要具备深厚的专业知识,了解常见的故障原因及其表现。例如,传感器故障可能导致数据读取异常,执行器故障可能影响控制指令的执行,而通信故障则可能中断数据的传输。在故障诊断过程中,查看 PLC 的故障诊断信息是至关重要的。这些信息往往能直接指向故障发生的具体位置和原因。同时,检查硬件连接状态、监测控制信号也是必不可少的步骤。针对不同的故障类型,维护人员需要采取相应的排除措施。例如,对于损坏的硬件设备,应及时更换;对于通信线路问题,应修复或更换故障线路;对于 PID 参数设置不当导致的控制问题,应重新调整参数。

(三)系统性能评估与优化建议

为确保 PID 控制系统的性能持续优化并达到最优状态,定期的系统性能

评估与优化工作显得尤为重要。这一过程旨在通过深入分析系统的各项性能指标,从而针对性地提出改进措施,以提升系统的整体控制效果。在评估过程中,应重点关注系统的响应时间、超调量和稳态误差等关键指标。这些指标能够直接反映系统的控制性能和稳定性。例如,响应时间的长短决定了系统对外部变化的敏感度和调节速度;超调量的大小则体现了系统过渡过程的平稳性;而稳态误差则表征了系统达到稳定状态后与设定值的偏差程度。根据评估结果,可以提出相应的优化建议。例如,通过调整 PID 参数来提高系统的响应速度和稳定性。具体而言,可以增大比例系数以加快响应速度,但需注意避免过大的超调;适当减少积分时间以减少稳态误差;而微分时间的调整则有助于减小超调并提高系统的稳定性。

第二节　PLC 在模糊控制中的应用探索

一、模糊控制的基本概念与原理

(一)模糊控制的基本概念

模糊控制这一基于模糊逻辑和模糊集合理论的智能控制方法,在现代控制领域中占据着独特地位。与传统的精确控制方法相比,其显著特点在于能够处理那些不精确、不确定或模糊的信息,这一特性使得模糊控制在面对复杂系统时具有更高的灵活性和适应性。在模糊控制体系中,控制规则和决策的制定并不是基于严格的数学模型,而是依赖于模糊逻辑的描述。这种描述方式允许系统在面对复杂、非线性或难以通过传统方法建模的过程时,仍能够进行有效的控制。换言之,模糊控制通过引入模糊性,降低了对系统精确建模的要求,从而拓宽了其应用范围。此外,模糊控制的核心思想在于将人类专家的控制经验和知识转化为可操作的模糊控制规则。这些规则,通常以条件语句"如果……则……"的形式来表达,明确指出了在不同输入条件下系统应采取的控制行动。这种转化不仅使得专家的经验得以有效利用,还增强了控制系统的智能化程度,使其能够更为精准地模拟人类的控制行为。

(二)模糊控制的原理

1. 模糊化过程

模糊化过程是模糊控制理论中的基础环节,其核心在于将精确的输入值映射到模糊集合的隶属度空间。这一步骤不仅涉及数值的转换,更体现了对信息不确定性的一种处理方式。在模糊控制系统中,输入值往往来源于实际测量或传感器反馈,这些值在本质上是精确的,但受到测量误差、环境噪声等因素的影响,可能存在一定的不确定性。模糊化过程正是为了应对这种不确定性而设计的,它通过将精确值映射为模糊集合中的隶属度值,使得系统能够以一种更为灵活和鲁棒的方式处理这些信息。具体来说,模糊化过程通常涉及隶属度函数的定义和选择。这些函数描述了输入值属于某个模糊集合的程度,从而为后续的模糊推理提供了基础。

2. 模糊推理

模糊推理是模糊控制中的关键环节,它负责根据模糊控制规则和当前输入值的模糊化结果来推断出系统的控制输出。这一过程充分体现了模糊控制的智能性和自适应性。在模糊推理中,模糊逻辑运算符(如 AND、OR、NOT)被用于组合和处理模糊集合。这些运算符不同于传统逻辑中的精确运算符,它们能够处理模糊和不确定的信息。通过应用这些运算符,模糊推理能够综合考虑多个输入因素的影响,并根据预设的模糊控制规则来得出合理的控制决策。这种推理方式不仅能够处理复杂系统中的非线性关系,还能够在一定程度上模拟人类的思维方式和决策过程,从而提高了控制系统的智能化水平。

3. 清晰化(去模糊化)过程

清晰化,也被称为去模糊化,是模糊控制中的最后一步,其主要任务是将经过模糊推理得到的模糊集合转换为实际可用的精确控制信号。这一过程对于模糊控制系统的实际应用至关重要,因为它确保了控制输出的可执行性和准确性。在清晰化过程中,常见的方法包括最大隶属度法、中位数法和加权平均法等。这些方法各有特点,适用于不同的应用场景。例如,最大隶属度法简单易行,但可能丢失部分信息;而加权平均法则能够更全面地考虑模糊集合中的信息,得出更为平滑的控制输出。

二、PLC 在模糊控制系统中的角色

(一) 核心控制器

在模糊控制系统的架构中,PLC(可编程逻辑控制器)占据着核心控制器的地位,肩负着整个系统的控制重任。其关键性在于能够接收并处理来自各种传感器的输入信号,这些信号反映了被控对象的实时状态。PLC 接收到这些信号后,并不直接进行传统的精确控制计算,而是先进行模糊化处理。这一步骤是将精确的数值信号转化为模糊集合中的隶属度值,从而能够容纳更多的不确定性和非线性因素。完成模糊化处理后,PLC 会进一步进行模糊推理,这是根据预设的模糊控制规则和当前输入值的模糊状态来推断出合适的控制输出。最终,PLC 需要将模糊推理的结果清晰化,输出为精确的控制指令,以驱动执行器完成相应的控制动作。这一系列复杂的过程得益于 PLC 的高速运算能力和强大的逻辑控制功能,使其成为模糊控制系统中不可或缺的核心组件。

(二) 模糊算法实现平台

PLC(可编程逻辑控制器)在模糊控制系统中充当了模糊算法实现平台的关键角色,其不仅是控制逻辑的执行者,更是模糊控制算法得以具体实施的载体。通过在 PLC 内部进行精心的编程,可以实现模糊控制中的核心步骤,包括数据的模糊化、模糊推理过程以及最终的清晰化处理。这些步骤是模糊控制规则能够转化为实际控制指令的关键环节。在模糊化阶段,PLC 将精确的输入数据转换为模糊集合的隶属度表示,从而引入了对不精确性的处理能力。接着,在模糊推理阶段,PLC 根据预设的模糊规则库进行逻辑推理,得出模糊控制动作。最后,在清晰化阶段,PLC 采用适当的方法将模糊控制动作转换为具体的、可执行的控制信号。PLC 的这种灵活性和可扩展性意味着模糊控制算法可以根据实际应用场景的不同需求进行个性化的定制和优化,从而最大限度地提升控制系统的性能和适应性。

(三) 通信与接口功能

在模糊控制系统中,PLC 不仅需要处理内部控制逻辑,还必须与其他系统

组件进行有效的数据交换和信息共享,以实现全面的协同控制。为此,PLC 配备了多种通信接口,并支持多种通信协议,如以太网、现场总线等。通过这些接口和协议,PLC 能够与上位机系统、各类传感器以及执行器等设备建立稳定的连接,并进行实时的数据传输。这种通信能力确保了模糊控制系统各个部分之间的紧密集成和高效协作,从而维持了整个系统的稳定运行。此外,PLC 的接口设计还充分考虑了易用性和可扩展性,使得系统能够方便地接入新的设备或模块,以适应不断变化的控制需求。通过这些通信与接口功能,PLC 在模糊控制系统中发挥着桥梁和纽带的作用,实现了信息的无缝对接和系统的整体优化。

三、PLC 实现模糊控制的步骤与方法

(一)数据采集与预处理

1. 传感器数据采集

在模糊控制系统中,传感器数据采集是至关重要的一环,PLC(可编程逻辑控制器)通过与各类传感器进行连接,实时地收集被控对象的关键参数数据,如温度、压力、速度等。这些数据不仅反映了被控对象的当前状态,而且是控制系统进行精确决策不可或缺的依据。为了确保数据的准确性和时效性,PLC 通常会采用高速、高精度的数据采集技术,以便及时捕获被控对象的状态变化,并为后续的模糊控制算法提供准确、实时的输入信息。

2. 数据预处理

由于传感器在采集数据时可能会受到各种噪声和干扰的影响,因此,直接对这些原始数据进行处理可能会导致控制精度的降低。为了避免这种情况,需要对原始数据进行预处理操作,包括滤波、去噪等。通过这些预处理步骤,可以有效地减少数据中的干扰和误差,提高数据的信噪比,从而确保输入到模糊控制系统中的数据具有高质量和可靠性。

(二)模糊推理与决策

1. 建立模糊控制规则库

在模糊控制系统中,建立模糊控制规则库主要基于专家经验或深入的系

统特性分析来进行。模糊控制规则实质上是一系列条件语句,它们详细描述了在不同输入情况下系统应当采取的控制动作。例如,在温度控制系统中,"如果温度过高,则增加制冷量"便是一条典型的模糊控制规则。这些规则的制定需要综合考虑系统的动态响应、稳定性要求以及实际操作中的种种约束条件。通过建立完善的模糊控制规则库,系统能够在面对复杂多变的输入情况时,做出合理且有效的控制决策,从而确保被控对象能够稳定、高效地运行。

2. 模糊推理机制实现

模糊推理机制是模糊控制系统的核心组成部分,其利用模糊逻辑运算符,如逻辑与(AND)、逻辑或(OR)和逻辑非(NOT),结合先前建立的模糊控制规则进行推理运算。在这一过程中,系统会根据当前的输入情况,激活相应的模糊控制规则,并通过模糊逻辑运算得出一个模糊集合作为推理结果。这个模糊集合实际上表示了在当前输入条件下,系统可能采取的各种控制动作及其可能性分布。通过这种方式,模糊推理机制能够灵活应对各种不确定性因素,为控制系统提供鲁棒且自适应的决策支持。

(三)清晰化与输出控制信号

1. 清晰化方法选择

在模糊控制过程中,清晰化方法的选择涉及将模糊推理得出的模糊集合转换为具体的控制信号值,以便实际控制系统能够理解和执行。常见的清晰化方法包括最大隶属度法、加权平均法等。最大隶属度法通过选择模糊集合中隶属度最大的元素作为输出值,简单直观但可能丢失部分信息。而加权平均法则考虑了所有元素的隶属度和其对应的输出值,得出一个更为综合的结果。在选择清晰化方法时,需综合考虑系统的精度要求、实时性需求以及模糊控制规则的复杂性,以确保转换后的控制信号能够准确反映模糊推理的意图,并有效指导执行器的动作。

2. 输出控制信号至执行器

清晰化后的控制信号需要通过PLC(可编程逻辑控制器)准确无误地发送至执行器,如电机、阀门等。这一步骤是模糊控制系统实现闭环控制的关键环节。PLC作为中间桥梁,不仅负责信号的传输,还确保信号的准确性和实时性。执行器在接收到控制信号后,会根据其内置的控制逻辑调整被控对象的状态,如调整电机的转速、阀门的开度等。通过这样的闭环控制机制,模糊控制系统能够实时根据被控对象的状态变化调整控制策略,从而维持系统的稳定性和性能优化。此过程中,PLC 与执行器之间的通信协议和接口设计也至关重要,它们确保了信号的顺畅传输和系统的整体协同工作。

第三节　PLC 在神经网络控制中的初步应用

一、神经网络控制基础

(一)神经网络概述

1. 神经网络的定义

神经网络,作为一种高度模拟生物神经系统工作机制的数学与计算模型,已经在信息科学领域占据了举足轻重的地位。其核心概念源于对人脑神经元之间复杂连接与通信机制的深入研究与抽象。这一模型不仅具有强大的并行分布处理能力,更重要的是其展现出的自学习、自组织以及高度适应性,使得神经网络在处理各类复杂、非线性问题时表现出色。在神经网络中,大量神经元通过特定的连接方式形成网络,这种连接方式在训练过程中不断优化,使得网络能够根据输入信息调整自身的结构和参数,从而实现对复杂模式的识别与学习。正是基于这种强大的学习与识别能力,神经网络在控制系统中的应用日益广泛,为解决传统控制方法难以处理的问题提供了新的思路与方案。

2. 神经网络的基本组成

深入探讨神经网络的基本构成,不得不提及其核心组件——神经元。神经元作为神经网络中的基本处理单元,承担着接收、处理并传递信息的重要任务,每个神经元通过其特定的激活函数,对来自其他神经元的输入信号进行加权求和,并据此产生相应的输出。在这个过程中,连接权重扮演着至关重要的角色,它们不仅决定了信息传递的强度,更在神经网络的训练过程中不断调整,以实现网络性能的优化。此外,激活函数的引入为神经网络带来了非线性处理能力,使得网络能够更好地逼近复杂的非线性函数关系。从网络拓扑结构的角度来看,神经网络呈现出多样化的形态,如前馈型、反馈型等,这些不同类型的神经网络在处理信息时具有各自独特的优势与特点。例如,前馈型神经网络通过层层递进的信息处理方式,能够实现对输入信息的逐层抽象与特征提取;而反馈型神经网络则通过引入反馈机制,使得网络能够在处理过程中不断自我调整与优化,从而更加适应复杂多变的任务环境。

(二)神经网络控制原理

1. 神经网络控制的基本思想

神经网络控制的基本思想源于对传统控制方法的革新与拓展,其核心在于充分利用神经网络卓越的学习和逼近能力,对具有高度非线性特性的复杂系统进行精细化建模与控制。传统控制方法在处理线性或简单非线性系统时表现出色,然而在面对复杂非线性系统时,其控制效果往往大打折扣。神经网络控制的提出,正是为了解决这一难题。通过精心设计的训练过程,神经网络能够深入学习和模拟被控对象的动态行为特性。这一过程涉及大量的数据输入与输出映射关系学习,使得神经网络能够精准地捕捉系统的复杂非线性特征。神经网络模型训练成熟后,便可以依据具体的控制目标,制定相应的控制策略。值得一提的是,神经网络控制器具备实时调整控制参数的能力,这意味着它能够根据被控对象的实时状态变化,动态地调整控制策略,以保持系统的高效稳定运行。

2. 神经网络控制在系统中的应用方式

神经网络控制在系统中的应用方式呈现出多样化的特点,其中直接逆控制、内模控制以及自适应控制是三种主要的应用模式。直接逆控制的核心思想是通过训练神经网络,使其逼近被控对象的逆模型。这种控制方式的优势在于能够实现对被控对象的精确控制,有效提高系统的响应速度和稳定性。在实际应用中,直接逆控制被广泛应用于机器人操控、飞行器控制等领域。内模控制则是借助神经网络构建被控对象的内部模型,并依据此模型设计相应的控制器。这种方法能够深入理解被控对象的动态特性,从而制定出更为精准的控制策略。内模控制在电力系统、化工过程控制等领域具有广泛应用。自适应控制则是一种更为灵活的控制方式,它根据被控对象的实时状态,通过神经网络在线调整控制参数,以适应系统的动态变化,这种控制方式的优点在于能够实时响应系统的变化,保持系统的稳定性和高效性。自适应控制在自动驾驶、智能制造等领域具有巨大的应用潜力。

(三)神经网络的类型与选择

1. 前馈神经网络与反馈神经网络

前馈神经网络,作为一种典型的信息单向流动的网络架构,其特点是信息从输入层开始,逐层向输出层传递,在此期间各神经元之间不存在反馈连接。这种网络结构简洁明了,特别适用于函数逼近、模式识别等任务。其工作原理基于各层神经元之间的权重连接,通过激活函数的非线性变换,实现对输入信息的层级处理与特征提取。由于不涉及反馈回路,前馈神经网络在处理信息时具有较高的计算效率。相比之下,反馈神经网络则允许信息在网络内部进行循环传递,从而赋予网络更强的动态特性和记忆功能。这种网络结构在处理时序信号和控制任务时表现出色,因为它能够捕捉并利用历史信息,对时间序列数据进行有效建模。反馈神经网络中的循环连接使得网络能够记住先前的状态,并根据这些状态调整后续的输出。在实际应用中,选择前馈神经网络还是反馈神经网络,应根据具体任务的需求和特性来决定。对于需要快速响应且对实时性要求较高的场景,前馈神经网络可能是更好的选择;而对于需要处理复杂时序关系或具有记忆需求的任务,反馈神经网络则更具优势。

2. 针对控制问题的神经网络类型选择

静态非线性系统通常表现出固定的输入输出关系,不随时间变化。对于这类系统,前馈神经网络因其出色的函数逼近能力而被广泛应用。其通过调整网络内部的权重参数,能够精确地模拟复杂的非线性映射关系,从而实现对静态非线性系统的有效控制。然而,对于动态系统或需要处理时序信息的控制任务,反馈神经网络则展现出更大的优势。这类网络,特别是循环神经网络(RNN)及其变体如长短期记忆网络(LSTM),能够捕捉序列数据中的时间依赖关系。它们通过内部的循环连接和记忆单元,有效地处理时间序列数据,并实现对动态系统的精确控制。在选择这类网络时,还需综合考虑网络的训练难度、计算资源消耗以及实时性要求等因素,以确保控制系统的性能与效率达到最优平衡。

二、PLC 与神经网络的结合

(一)PLC 与神经网络结合的必要性

1. 传统 PLC 控制的局限性

传统 PLC(可编程逻辑控制器)控制在工业自动化领域的应用历史长久,且范围广泛。然而,随着工业技术的不断进步和生产环境的日益复杂,其局限性也逐渐暴露出来。PLC 的工作原理主要依赖于预先设定的程序和固定逻辑来进行控制操作,这在处理简单、线性的控制任务时表现出色。但是,在面对复杂、非线性或时变系统时,PLC 的控制效果往往难以达到预期。这类系统的动态特性多变,难以用固定的程序和逻辑来准确描述和控制。此外,PLC 在处理未知或不确定因素时显得力不从心。在快速变化的生产环境中,未知因素和不确定性是常态,而 PLC 由于其固有的刚性控制逻辑,难以灵活应对这些变化,导致控制系统在面临突发情况或新的生产需求时,可能无法及时、有效地做出调整,从而影响了生产效率和产品质量。

2. 神经网络对 PLC 控制的补充与提升

神经网络作为一种模拟人脑神经元结构的计算模型,具有强大的自学习、自适应和模式识别能力。将神经网络与 PLC 相结合,为工业自动化控制领域带来了新的突破。通过引入神经网络,控制系统能够处理更为复杂的非线性问题,这是传统 PLC 难以企及的优势。神经网络能够通过学习大量的历史数据来预测系统的未来行为,从而为优化控制策略提供有力支持。这种预测能力使得控制系统能够在变化的生产环境中迅速做出响应,提高了生产过程的灵活性和效率。此外,神经网络还能够帮助 PLC 更好地处理噪声和干扰。在实际生产过程中,各种噪声和干扰是不可避免的,它们可能会对控制系统的稳定性和准确性造成不良影响。而神经网络凭借其强大的模式识别能力,可以有效地识别并抑制这些不利因素,从而提升控制系统的稳定性和鲁棒性。

(二)PLC 与神经网络的集成方式

1. 硬件集成:PLC 与神经网络硬件平台的结合

硬件集成是指通过物理连接方式,将神经网络硬件平台与 PLC(可编程逻辑控制器)直接相连,以实现两者之间数据的高速传输与实时共享。这种集成方式的实现,依赖于专门的神经网络硬件,如神经网络处理器或加速器。这类硬件能够支持实时的神经网络计算和推理任务,从而确保控制系统的快速响应和准确性。通过与 PLC 的紧密配合,硬件集成不仅提升了数据处理的速度,还确保了控制系统能够在极短的时间内做出决策,实现对工业过程的精细、准确控制。这种集成方式特别适用于那些对实时性要求极高的应用场景,如高速生产线、精密加工等,其中任何微小的延迟都可能导致生产质量的下降或安全事故的发生。

2. 软件集成:PLC 编程环境与神经网络算法的融合

软件集成则是一种更为灵活且成本效益较高的结合方式,它通过将神经网络算法嵌入到 PLC 的编程环境中,使得 PLC 能够直接调用和执行神经网络模型,而无须额外的神经网络硬件设备。这种方式的关键在于在 PLC 中安装相应的神经网络软件库或模块,这些软件组件能够与 PLC 原有的编程环境无缝对接,实现神经网络功能的快速部署。通过软件集成,PLC 可以实时运行神经网络模型,利用模型的输出动态调整控制策略,以适应不断变化的生产环境和工艺要求。这种集成方式特别适用于那些对成本有一定要求,且对实时性要求不是特别苛刻的应用场景。它不仅能够提升控制系统的智能化水平,还能够在保证性能的同时,降低整体的投资成本。

三、PLC 实现神经网络控制的关键技术

(一)数据采集与预处理技术

1. 传感器数据的采集与传输

传感器数据的采集是信息处理流程的起始环节,在工业自动化、环境监测、医疗健康等领域,传感器扮演着感知物理世界变化的关键角色。通过精确地捕捉温度、压力、湿度、位移等物理量的变化,传感器将这些非电信号转换为可测量的电信号,进而实现数据的采集。传输过程中,数据的准确性和实时性至关重要,因此,采用可靠的通信协议和稳定的传输技术显得尤为重要。此外,为了确保数据的完整性和安全性,在传输过程中还需对数据进行加密和校验处理。

2. 数据预处理:滤波、归一化与特征提取

数据预处理是数据挖掘与分析前不可或缺的一环,原始数据中往往夹杂着噪声和异常值,这些不利因素会严重影响后续的数据分析质量。因此,滤波技术的运用成为关键,它能够有效地剔除或减弱数据中的噪声干扰,提升数据的信噪比。归一化则是为了消除不同特征之间量纲不同而导致的数据差异,使得所有特征在相同的尺度上进行比较和分析,从而提高模型的训练效率和准确性。特征提取是从原始数据中提炼出对后续分析有价值的信息的过程,它能够降低数据的维度,同时保留数据的主要特征,为后续的机器学习或深度学习模型提供更为精练的输入。

(二)神经网络模型的建立与训练

1. 选择合适的神经网络结构

在构建神经网络模型时,不同的神经网络结构具有不同的特点和适用场景,因此需要根据具体问题和数据特性进行综合考虑。例如,前馈神经网络适用于简单的函数逼近和分类问题,而循环神经网络则更擅长处理序列数据和时序依赖关系。此外,网络的深度和宽度也是需要考虑的因素,它们直接影响着模型的表达能力和计算复杂度。通过对比不同网络结构在验证集上的性能表现,可以选择出最适合当前任务的神经网络结构,为后续的训练和优化奠定坚实基础。

2. 利用 PLC 数据进行神经网络训练

PLC(可编程逻辑控制器)作为工业自动化领域的核心设备,其产生的数据具有丰富的工业现场信息,对于神经网络的训练具有重要价值。利用 PLC 数据进行神经网络训练,首先需要完成数据的预处理工作,包括数据清洗、特征提取和标签生成等步骤,以确保数据的质量和有效性。接着,通过设计合理的训练策略,如选择合适的损失函数和优化算法,以及设置合理的训练批次和迭代次数,可以充分利用 PLC 数据的特性,提升神经网络模型的训练效果和泛化能力。此外,还可以采用交叉验证等技术对模型进行性能评估,以确保训练出的神经网络模型能够满足实际应用需求。

（三）PLC 对神经网络模型的控制实现

1. 将训练好的神经网络模型嵌入 PLC

将训练完成的神经网络模型嵌入到 PLC（可编程逻辑控制器）中是实现智能控制的关键步骤。这一过程首先要求神经网络模型与 PLC 环境兼容，可能涉及模型格式的转换或优化，以确保其能在 PLC 的硬件和软件架构中顺畅运行。嵌入过程中，还需考虑模型的存储和调用效率，以及与 PLC 原有控制逻辑的融合问题。此外，对嵌入后的模型进行验证和调试是必不可少的环节，可通过实际运行测试来确保模型在 PLC 中的性能和稳定性达到预期标准。这一步骤的成功实现为后续的实时控制决策提供了坚实的基础。

2. PLC 实时运行神经网络模型进行控制决策

PLC 实时运行神经网络模型进行控制决策，是工业自动化领域智能化发展的重要体现。在这一过程中，PLC 需要不断地从传感器或其他数据源获取实时数据，并将其输入到已嵌入的神经网络模型中。模型经过快速推理计算后，输出控制指令或决策建议，这些输出随后被 PLC 执行机构所采纳，从而实现对工业过程的精准控制。这种控制方式的优点在于其能够自适应地处理复杂的非线性问题和不确定性因素，提高控制系统的鲁棒性和效率，同时，通过实时监测和反馈机制，PLC 可以不断调整和优化神经网络模型的参数，以进一步提升控制性能。

第四节 PLC 在自适应控制中的策略研究

一、PLC 自适应控制的基本原理

（一）自适应控制的概念

自适应控制，作为一种先进的控制策略，其核心在于系统能够根据环境的变化自动调整其参数以优化性能。在工业自动化控制领域，控制对象往往呈现出时变性、非线性以及其他复杂特性，这使得采用固定参数的传统控制方法往往难以取得理想的控制效果。自适应控制策略通过实时地监测系统的输入与输出数据，利用特定的优化算法，能够在线地、动态地调整控制器的参数。

这种动态调整机制使得控制系统能够有效地适应外部环境的变化或是内部状态的改变,从而确保系统始终能够维持在一种较优的控制状态。这种控制方式不仅显著提升了系统的稳定性,更在响应速度和控制精度上展现出了明显的优势。正因如此,自适应控制在各种复杂的工艺流程和工业过程中得到了广泛的应用。

(二)PLC 在自适应控制中的角色

PLC,即可编程逻辑控制器,在自适应控制系统中发挥着举足轻重的作用。作为工业自动化系统的核心组件,PLC 不仅承担着现场数据的采集任务,还负责执行复杂的控制逻辑并输出精确的控制指令。特别是在自适应控制系统中,PLC 的功能远不止于此。它不仅要对现场数据进行高效的采集与处理,更需要依据自适应算法的要求,实时地对控制参数进行调整。这种实时调整能力确保了系统能够灵活地应对各种突发情况与变化,从而维持最佳的控制状态。通过精细的编程与配置,PLC 能够轻松地实现一系列复杂的控制逻辑与算法,充分满足自适应控制对于实时性、精确性以及灵活性的严苛要求。

(三)PLC 自适应控制的基本原理概述

PLC 自适应控制的基本原理,是建立在对实时数据的精准采集、高效处理以及控制参数的自适应调整基础之上的。在这一过程中,PLC 通过连接各种传感器和其他输入设备,不断地从被控对象中获取关键的运行状态数据,这些数据包括但不限于温度、压力以及流量等关键指标。获取数据后,PLC 会依据预先设定的自适应控制算法,对这些实时数据进行深入的处理与分析。通过这一步骤,PLC 能够精确地计算出当前环境下最优的控制参数。一旦得出这些参数,PLC 会立即将经过调整的控制指令发送给相应的执行机构,如电机、阀门等,从而实现对被控对象的精准控制。整个过程构成了一个完整的闭环反馈系统,通过持续不断的循环迭代,确保系统能够迅速且准确地适应各种内部和外部条件的变化,始终保持在最佳的控制状态。这种自适应控制机制不仅显著提高了控制系统的稳定性和响应速度,更在控制精度和能效方面展现出了显著的优势。

二、基于 PLC 的自适应控制算法设计

(一)常见自适应控制算法简介

在自适应控制领域,几种被广泛应用的算法包括模糊逻辑控制、神经网络控制以及 PID 参数自整定等。模糊逻辑控制,作为一种模拟人类模糊推理过程的控制方法,特别适用于处理那些难以用精确数学模型描述的复杂系统。这种算法通过引入模糊集合和模糊逻辑的概念,能够有效地处理系统中的不确定性和模糊性,从而提高控制系统的鲁棒性和适应性。神经网络控制则是一种基于人工神经网络的智能控制方法。它通过模拟人脑的神经网络结构和功能,通过学习和训练来逼近复杂的非线性映射关系。这种方法具有强大的自适应能力和容错性,能够在系统参数变化或外部环境扰动的情况下,自动调整网络权重和阈值,以保持系统的稳定性和性能。而 PID 参数自整定算法则是一种基于经典 PID 控制器的自适应控制方法。它通过实时监测系统的运行状态,并根据一定的优化准则自动调整 PID 控制器的参数,以达到最佳的控制效果。这种方法简单易行,且在实际应用中具有较好的稳定性和可靠性。

(二)算法设计流程与实现方法

在设计基于 PLC 的自适应控制算法时,需遵循一套系统且严谨的流程,首要步骤是明确控制目标和系统的具体要求,这是确保算法设计符合实际需求的关键。随后,根据系统的特性和控制目标,从众多自适应控制算法中选择最适合的一种或几种。选定算法后,深入研究其原理和特点,以此为基础进行详细的设计和实现。这一过程涉及确定算法的输入输出参数、精心设计算法的内部逻辑结构和计算步骤,以及合理设定算法的初始参数和条件。在实现阶段,充分利用 PLC 强大的编程和计算能力至关重要,这将算法高效地转化为可在 PLC 上运行的程序代码。同时,还需对算法的实时性和稳定性进行全面考虑,确保其在 PLC 上能够高效、准确地执行。通过这一系列严谨的设计和实现流程,可以确保自适应控制算法在 PLC 上的成功应用,进而提升整个控制系统的性能和稳定性。

(三)算法性能评估与优化策略

在评估自适应控制算法的性能时,应综合考虑多个维度,包括但不限于稳

定性、响应速度、控制精度以及鲁棒性。为了全面而客观地评估算法性能,可以通过仿真实验或实际应用测试来收集算法的运行数据。随后,利用这些数据对各项性能指标进行深入分析,从而准确掌握算法的实际表现。针对评估结果中暴露出的问题和不足,可以采取相应的优化策略来提升算法性能。例如,通过调整算法的参数设置来优化其性能表现,或者改进算法的内部逻辑结构以提高其运行效率和稳定性。此外,还可以积极引入先进的控制理论或技术来增强算法的自适应能力和鲁棒性。值得一提的是,将多种自适应控制算法相结合以形成复合控制策略也是一个值得探索的方向。这不仅可以充分发挥各算法的优势,还有助于提高整体控制效果。在实施这些优化策略时,需要权衡算法的复杂度、实时性和可实现性等多个因素,以确保优化后的算法能够在 PLC 上顺利运行并满足实际需求。

三、PLC 在自适应控制中的数据处理技术

(一)特征提取与数据压缩方法

在 PLC 处理大量实时数据的过程中,特征提取与数据压缩方法显得尤为重要。特征提取是一种从复杂数据中识别并提取出与控制目标紧密相关的关键信息的技术。通过精心设计的算法,PLC 能够准确地捕捉到这些数据特征,进而为控制决策提供有力支持。这不仅有助于简化控制算法的复杂度,还能显著提高控制效率和精度。与此同时,数据压缩方法也是 PLC 数据处理流程中不可或缺的一环。在面临海量数据存储和传输挑战时,有效的数据压缩策略能够大幅减少资源消耗,同时保留关键信息以确保实时控制的快速响应。通过结合特征提取与数据压缩技术,PLC 能够在有限的计算资源下实现更为高效和精准的自适应控制,从而满足现代工业对控制系统日益严苛的性能要求。

(二)数据安全与可靠性保障措施

在自适应控制系统的设计与实施中,数据安全和可靠性是 PLC 数据处理必须严肃考虑的问题。由于 PLC 所处理的数据往往涉及工业生产的核心信息和关键流程,因此其安全性至关重要。为了防止数据在传输和存储过程被非法获取或恶意篡改,PLC 需要采取一系列加密技术和访问控制策略来确保数据的机密性和完整性。此外,数据的可靠性也是保障系统稳定运行的关键

因素。为了应对可能的数据丢失或损坏情况，PLC 必须实施有效的数据备份和冗余设计策略。这些措施不仅能够在数据发生故障时提供及时的恢复手段，还能通过增强系统的容错能力来减少数据问题导致的生产中断和损失。

四、PLC 自适应控制系统的稳定性与鲁棒性分析

（一）稳定性的判定方法

1. 经典稳定性判据的应用

在 PLC 自适应控制系统中，稳定性的判定是确保系统可靠运行的关键环节。经典的控制理论判据，如李雅普诺夫稳定性判据和劳斯-赫尔维茨判据，在这一领域发挥着不可或缺的作用。这些判据基于严格的数学推导，为系统稳定性的分析提供了坚实的理论基础。通过应用这些经典判据，可以对 PLC 自适应控制系统的稳定性进行准确的定量评估。具体而言，李雅普诺夫稳定性判据通过构造李雅普诺夫函数来分析系统的能量变化，从而判断系统的稳定性。劳斯-赫尔维茨判据则通过判断系统特征方程的根是否全部位于复平面的左半部分来确定系统的稳定性。这些判据的应用不仅有助于深入理解系统的稳定性特性，还为系统的进一步优化设计提供了有力的指导。

2. 结合实际性能指标的综合评估

在评估 PLC 自适应控制系统的稳定性时，单纯依赖经典判据可能无法全面反映系统的实际性能。因此，结合实际性能指标进行综合评估显得尤为重要。具体而言，可以通过考察系统的动态响应速度、超调量以及稳态误差等指标来全面评估系统的稳定性能。动态响应速度反映了系统对输入信号的快速跟踪能力，超调量则体现了系统在过渡过程中的振荡程度，而稳态误差则表征了系统达到稳态后与期望输出之间的偏差。通过综合分析这些性能指标，能够更全面地了解系统的稳定性能，及时发现潜在的不稳定因素，并有针对性地采取相应的改进措施。这种综合评估方法不仅提高了稳定性评估的准确性，还为系统的优化设计和稳定运行提供了有力的保障。

（二）影响稳定性的因素

1. 系统参数设置与稳定性关系

在 PLC 自适应控制系统中，系统参数的设置与稳定性之间存在着密切的

▎电气自动化控制与 PLC 技术的实验与应用研究

关系,参数的合理配置是确保系统稳定运行的基础,而不合理的参数配置则可能导致系统出现不稳定甚至失控的情况。为了深入探讨这一关系,需要对系统的各个参数进行细致的分析和调整。通过识别那些对稳定性影响最为显著的关键参数,如控制器的增益、积分时间和微分时间等,可以更有针对性地进行优化。此外,还应考虑到参数之间的相互作用,以确保整个参数集的协调性和一致性。通过科学的参数设置方法,如试验法、仿真优化等,可以寻找到最佳的参数配置,从而提升 PLC 自适应控制系统的稳定性。

2. 外部扰动与内部因素对稳定性的影响

在 PLC 自适应控制系统中,稳定性不仅受到系统参数设置的影响,还受到外部扰动和内部因素的制约。外部扰动,如电网电压的波动、环境温度的骤变等,都可能对系统的稳定性造成显著影响。这些扰动可能通过干扰系统的正常运行状态,导致控制精度下降甚至系统崩溃。同时,系统内部的非线性特性、时变因素以及潜在的未建模动态等,也可能对稳定性构成威胁。为了提高 PLC 自适应控制系统的稳定性,必须对这些外部扰动和内部因素进行深入的分析和研究。通过设计有效的扰动抑制策略、优化系统结构和参数、引入先进的控制算法等手段,可以降低这些不利因素对系统稳定性的影响,从而提升系统的整体性能和可靠性。

(三)鲁棒性的提升方法

1. 先进控制策略的应用

在提升 PLC 自适应控制系统的鲁棒性方面,先进控制策略的应用显得尤为重要。H∞ 控制、滑模控制等策略,以其独特的优势,为系统鲁棒性的增强提供了有力支持。H∞ 控制通过优化系统性能指标,使得系统在不确定性或外部扰动存在时仍能保持稳定,并降低性能损失。滑模控制则通过设计合适的滑模面和滑模运动规律,使系统能够在受到干扰时迅速恢复到稳定状态。这些先进控制策略的应用,不仅能够显著提高 PLC 自适应控制系统对外部环境的适应能力,还能够有效应对系统内部的不确定性和非线性问题。

2. 智能算法在鲁棒性提升中的应用

模糊控制、神经网络控制等智能算法,以其强大的自适应能力和处理非线性问题的优势,为系统鲁棒性的提升注入了新的活力。模糊控制通过引入模糊逻辑和模糊推理机制,能够有效处理系统中的不确定性和模糊性,提高系统对外部扰动的抵抗能力。神经网络控制则通过模拟人脑神经网络的运作方式,能够自适应地学习并优化系统控制策略,从而增强系统的鲁棒性。通过结合这些智能算法和传统控制方法,可以充分发挥各自的优势,实现 PLC 自适应控制系统鲁棒性的全面提升。这不仅有助于系统在复杂多变的环境中保持稳定运行,还能够提高系统的控制精度和响应速度,进一步满足实际应用需求。

第七章　PLC 与其他自动化技术的结合应用

第一节　PLC 与 DCS 系统的集成与应用

一、PLC 与 DCS 硬件架构的异同点

（一）模块化设计的比较

在探讨 PLC（可编程逻辑控制器）与 DCS（分散控制系统）的硬件架构时，模块化设计成为一个核心议题，PLC 即可编程逻辑控制器，其设计理念倾向于集中化模块配置。这种设计哲学体现在其核心处理器、输入/输出模块及通信接口的紧密集成上，通常这些关键组件被整合在一个或少数几个物理单元内。这种集中化的模块化设计简化了系统的部署和配置流程，特别适用于中小型控制系统，其中快速响应和简洁高效的系统架构是首要考虑因素。与此相反，DCS，即分散控制系统，展现出一种更为分散和精细的模块化设计理念。DCS 系统由多个分散控制单元构成，每个单元被赋予特定的控制功能，如温度监控、压力管理等。这种设计增强了系统的整体可靠性，又因为故障点被有效隔离，使得系统能够应对更为复杂和大规模的工业过程控制需求。此外，DCS 的这种模块化特性还为其提供了卓越的扩展能力，允许根据生产或工艺需求灵活地调整系统配置。

（二）冗余配置与可靠性分析

在评估 PLC 与 DCS 系统的可靠性时，冗余配置是一个关键指标，PLC 系统通常通过实施双机架、双电源等硬件级别的热备冗余策略来提升其可靠性。尽管这种方法效果显著，但它往往伴随着较高的成本投入，可能在某些应用场景中受到限制。尽管如此，PLC 在离散制造等行业中仍因其直观且高效的控制逻辑而受到广泛欢迎。DCS 系统则采用了更为高级的冗余架构，例如双冗

余的控制单元和通信网络。这种架构设计确保了在主控制单元发生故障时,备用单元能够迅速且无缝地接管工作,从而显著提升了系统的整体可靠性。这种高度的可靠性使得 DCS 在连续过程控制领域,如石油化工、电力等行业中具有不可替代的优势。

（三）扩展性与灵活性对比

在探讨 PLC 与 DCS 系统的扩展性和灵活性时,两者展现出不同的特点。PLC 系统,凭借其紧凑的硬件布局和集中化的控制方式,在中小型控制系统中表现出色。其灵活性主要体现在能够根据需要快速调整控制逻辑和硬件配置,以适应生产线的变化或新的工艺要求。然而,在面对大型、复杂的控制系统时,DCS 的扩展性和灵活性则显得更为出色。DCS 的分布式控制结构允许系统根据实际需求灵活地增加或减少控制节点,从而轻松应对生产规模的扩大或工艺流程的调整。此外,DCS 系统还支持多种通信协议和设备接口,这使得它能够与其他系统进行无缝集成和数据交换。

二、PLC 与 DCS 系统集成的关键技术

（一）数据通信与接口技术

在工业自动化领域,PLC 与 DCS 系统的集成对于实现高效、稳定的生产过程至关重要,而在这一集成过程中,数据通信与接口技术则扮演着举足轻重的角色。由于 PLC 和 DCS 系统可能基于不同的技术标准和设计理念,它们所采用的通信协议和数据格式往往存在差异。因此,在实现系统集成时,首要任务便是进行协议转换和数据格式的标准化处理。这不仅涉及技术层面的转换与适配,更关乎信息能否准确无误地在两个系统之间传递,从而确保整个控制系统的可靠性与稳定性。同时,数据传输的安全性也是不容忽视的问题。在工业自动化环境中,数据的安全性直接关系到生产过程的稳定性和企业的核心利益。因此,在 PLC 与 DCS 系统集成过程中,必须采用先进的加密技术和校验机制,以防止数据在传输过程中被泄露或篡改。此外,接口技术的选择同样对系统集成效果产生深远影响。一个稳定、高效的接口方案不仅能够满足实时数据传输的需求,还能够在系统出现异常时提供及时的故障隔离和恢复机制。

(二)系统同步与协调技术

由于 PLC 和 DCS 可能分布在不同的物理空间,且各自承担着特定的控制任务,因此,确保它们在时间和空间上的高度同步显得尤为重要。为了实现这一目标,精确的时钟同步机制和时间戳管理技术被广泛应用于系统集成中。这些技术手段的应用,可以确保 PLC 与 DCS 系统之间的数据交换和控制指令的执行在严格的时间序列下进行,从而避免了时间差异导致的控制误差和系统不稳定。同时,协调技术则致力于确保 PLC 与 DCS 在执行各自任务时能够相互配合、协同工作。在一个复杂的工业自动化环境中,多个控制系统之间的协同工作往往涉及资源共享、任务调度和冲突解决等多个方面。通过采用先进的协调算法和机制,可以确保 PLC 与 DCS 系统之间在执行控制任务时能够相互协调、避免冲突和干扰,从而提高整体控制的精确性和效率。

(三)集成平台的搭建与管理

在 PLC 与 DCS 系统集成的实践中,集成平台的搭建与管理无疑是一个核心环节。该平台不仅需要具备容纳并管理各种不同类型 PLC 和 DCS 设备的能力,还需提供统一的数据访问和控制接口,以实现各系统之间的无缝对接与协同工作。平台的搭建过程涉及硬件设备的选型与整合、网络架构的设计与优化以及软件系统的配置与调试等多个专业领域的知识与技能。为了确保整个集成平台的稳定运行,管理平台的设计与实施同样至关重要。一个优秀的管理平台应具备全面的监控功能,能够实时监测系统的运行状态和性能指标,及时发现潜在的问题并给出相应的处理建议。此外,管理平台还应提供强大的诊断工具,以帮助工程师快速定位并解决系统故障,从而确保整个集成系统能够持续、稳定地为企业的生产过程提供支持。

三、PLC 与 DCS 系统集成的优势

(一)提高生产效率与自动化水平

在工业自动化控制系统中,PLC(可编程逻辑控制器)与 DCS(分散控制系统)的集成显著地推动了生产效率与自动化水平的提升。这一提升主要得益于两个系统优势的有效整合。具体而言,PLC 以其强大的逻辑控制能力和灵

活性著称,而 DCS 则在处理大规模、分布式控制任务时表现出色。通过集成,企业得以实现生产流程的全面自动化管理,大幅减少了生产过程中的人工干预环节。这不仅加快了生产速度,缩短了产品从原材料到成品的周期,还通过精确的控制提升了产品质量,降低了废品率。更为重要的是,集成后的系统具备实时监控生产数据的能力,能够根据生产现场的实际情况及时调整生产策略。这种动态优化机制确保了生产过程的持续高效,减少了资源浪费。同时,高度自动化的生产系统也显著降低了人为错误的发生概率,提高了生产过程的稳定性和可靠性。

(二)降低运营成本与维护费用

PLC 与 DCS 系统的集成在提升企业生产效率的同时,也显著降低了运营成本与维护费用。通过集中监控与管理机制的实施,企业得以大幅减少现场巡检和人工操作的需求。这不仅节省了人力成本,还提高了运营管理的效率。此外,集成系统所具备的预防性维护与故障诊断功能,为企业提供了一种前瞻性的设备管理方式。通过实时监测设备的运行状态,系统能够及时发现并解决潜在问题,从而避免了设备故障导致的生产中断和昂贵的维修费用。这种集成方案的优势在于其全面的成本节约效应。从人力成本的减少到设备维护费用的降低,再到生产中断风险的规避,每一环节都为企业带来了实实在在的经济效益。这些效益的累积,使得企业在激烈的市场竞争中能够保持稳健的财务状况,为持续的创新和发展奠定了坚实的基础。

(三)增强系统的可扩展性与灵活性

PLC 与 DCS 系统的集成还为企业带来了系统的可扩展性与灵活性的显著增强,这主要归功于模块化设计的集成平台,该平台支持功能模块的轻松添加或移除。这种设计使得企业在面对生产需求变化时,能够迅速调整系统的配置和功能,以适应新的生产环境。无论是增加新的控制节点,还是替换旧有的设备模块,都能在不影响系统整体运行的前提下顺利完成。此外,集成系统还支持多种通信协议和设备接口,使得它能够与其他类型的工业控制系统或企业信息系统实现无缝对接。其跨系统的兼容性和互操作性,不仅提高了企业内部数据共享和协同工作的效率,还为企业与外部合作伙伴的紧密合作提供了可能。

四、PLC 与 DCS 系统集成的性能测试与优化方法

(一)性能测试指标与方法

1. 实时性测试

实时性测试主要评估系统的响应时间,确保控制系统能够在规定的时间内对外部输入或内部事件做出反应。在 PLC 与 DCS 集成系统中,实时性至关重要,因为它直接关系到生产过程的精确控制和安全。测试方法通常包括记录系统对标准输入信号的响应时间,以及在不同负载条件下的反应速度,从而确保系统在任何情况下都能保持高效的实时响应。

2. 稳定性测试

稳定性测试旨在验证系统在长时间运行和多种工作负载下的性能表现,这一测试关注的是系统是否能够在各种条件下稳定运行,不出现意外的中断或性能下降。其通过模拟不同的工作场景和负载变化,评估系统的稳定性,并检测潜在的性能瓶颈或资源争用问题。

3. 可靠性测试

可靠性测试着重于评估系统在面对故障或异常情况时的表现,包括测试系统在组件故障、网络中断或数据损坏等情况下的恢复能力和容错性。通过模拟这些故障情况,可以验证系统的冗余设计和故障转移机制的有效性,确保系统在关键时刻能够维持正常运行。

4. 兼容性测试

兼容性测试是检查系统是否能够与不同厂商、不同版本的设备和软件协同工作。在 PLC 与 DCS 集成中,这一点尤为重要,因为系统可能涉及多种设备和协议的交互。测试方法包括连接不同型号、不同协议的 PLC 和 DCS 设备,验证数据交换和控制指令的准确性,确保整个系统的无缝集成和高效协作。

(二)PLC 与 DCS 系统集成的性能优化策略与实施

1. 网络通信优化

网络通信是 PLC 与 DCS 系统集成的核心,其性能直接影响系统的实时性

和稳定性。优化网络通信主要包括减少数据传输延迟、提高数据传输速率和增强网络可靠性。为实现这些目标,可以采取策略如优化网络拓扑结构,减少数据传输路径;采用高速通信协议,提升数据传输效率;以及实施网络冗余设计,确保在网络故障时能够快速切换,维持通信的连续性。

2. 数据处理速度提升

在 PLC 与 DCS 系统中,数据处理速度是影响系统性能的重要因素,提升数据处理速度可以通过优化算法、采用高性能硬件和并行处理技术来实现。具体而言,可以对关键算法进行改进,减少计算复杂度;选用高速处理器和大容量内存,提升数据处理能力;同时,利用并行处理技术,将大数据量分散到多个处理单元同时进行处理,从而显著提高数据处理速度。

3. 系统资源合理分配

在 PLC 与 DCS 系统集成中,系统资源的合理分配是确保系统高效运行的关键,包括处理器资源、内存资源、存储资源以及 I/O 资源等。通过合理的资源分配策略,可以避免资源争用和浪费,提高系统整体性能。例如,可以根据各功能模块的重要性和实时性要求,为其分配不同的优先级和资源配额;同时,实施动态资源调度机制,根据系统运行状态实时调整资源分配,以应对不同工作负载下的性能需求。

(三)测试与优化工具选择

1. 性能测试工具介绍

性能测试工具是用于评估系统性能表现的关键辅助手段,这类工具通常能够模拟多种工作负载,对系统的响应时间、吞吐量、资源利用率等关键指标进行监测和分析。在 PLC 与 DCS 系统集成中,性能测试工具可以帮助工程师全面了解系统在不同负载下的表现,发现潜在的性能瓶颈。通过这些工具,可以精确地测量系统的实时性、稳定性和可靠性,为后续的性能优化提供数据支持。

2. 优化辅助工具

优化辅助工具通常提供系统资源的实时监控、性能数据的采集与分析以及优化建议的生成等功能。利用这些工具,工程师可以更加直观地了解系统资源的使用情况,识别出资源分配不均或过度消耗的问题;此外,这些工具还能帮助工程师分析系统运行的瓶颈所在,并提供针对性的优化建议,从而有效提高系统的整体性能。

(四)测试流程与结果分析

1. 制订测试计划

测试计划是测试工作的基石,它详细规划了测试的目标、范围、方法、资源以及时间表。在 PLC 与 DCS 系统集成的测试中,制订测试计划需要综合考虑系统的功能需求、性能指标以及潜在的风险点。测试计划应明确测试的类型(如实时性测试、稳定性测试等),确定测试所需的数据和工具,并分配适当的资源。此外,测试计划还应包括应急预案,以应对测试过程中可能出现的突发情况,确保测试能够顺利进行。

2. 执行测试并记录数据

测试执行阶段是测试流程中的核心环节,在这一阶段,测试人员需按照测试计划进行操作,对 PLC 与 DCS 集成系统的各项性能指标进行实际测试。测试过程中,应严格遵循测试用例的设计,确保测试的全面性和有效性。同时,测试人员需详细记录测试过程中的所有数据,包括测试环境信息、测试操作步骤、系统响应情况以及异常现象等。这些数据是后续结果分析的重要依据,对于发现系统问题和改进系统性能至关重要。

3. 结果分析与报告编写

测试完成后,对测试数据进行深入分析和整理是测试流程的最后一步。结果分析旨在评估 PLC 与 DCS 集成系统是否满足预定的性能指标要求,发现系统存在的潜在问题,并为后续的优化工作提供建议。分析过程中,测试人员应运用专业的分析方法和工具,对测试数据进行定量和定性的评估。最后,根据分析结果编写详细的测试报告,总结测试的主要发现、结论以及改进建议。测试报告是测试工作的最终成果,它为项目决策者提供了关于系统性能的全面、客观的信息,有助于推动系统的持续改进和优化。

第二节　PLC 与 SCADA 系统的协同工作

一、数据交互与通信

（一）通信协议与接口标准

在工业自动化领域，PLC 与 SCADA 系统之间的协同工作是实现高效生产监控与控制的关键环节，而通信协议与接口标准的选择，则在这一协同过程中扮演着举足轻重的角色。这些协议和标准不仅定义了数据交换的格式与规范，更从根本上确保了数据能够在不同系统间实现高效、准确的传递。具体而言，如 Modbus、OPC 等工业通信协议，它们在 PLC 与 SCADA 系统间搭建起了一座数据通信的桥梁。这些协议详细规定了数据传输的诸多关键参数，如数据格式、传输速率、错误检测机制等，从而确保了不同厂商、不同型号的设备能够无缝对接，实现数据的顺畅流通。这种跨平台的兼容性不仅降低了系统集成的复杂度，更为企业的后期维护与扩展提供了极大的便利。同时，明确的接口标准也是实现 PLC 与 SCADA 系统协同工作的重要保障。这些标准对系统间的数据交互方式、接口函数、参数定义等进行了严格的规范，使得开发者能够依据统一的标准进行系统的设计与开发。

（二）数据传输与同步机制

在 PLC 与 SCADA 系统的协同工作中，数据传输与同步机制是确保系统实时性、准确性的核心要素。现代工业环境对数据的实时性要求极高，任何延迟或错误都可能导致生产效率的下降或安全风险的增加。因此，建立一个高效、稳定的数据传输与同步机制显得尤为重要。为实现这一目标，现代通信技术如以太网、无线通信等被广泛应用于 PLC 与 SCADA 系统之间的数据传输。这些技术不仅提供了高速、稳定的数据传输通道，更支持多种数据格式和协议，从而满足了不同应用场景的需求。同时，通过采用时间戳、序列号等同步手段，可以确保数据在传输过程中的顺序性和一致性，有效防止了数据的丢失或重复。此外，数据传输与同步机制的设计还需考虑系统的可扩展性和灵活性。随着工业生产的不断发展，PLC 与 SCADA 系统可能需要接入更多的设备和数据源。因此,一个优秀的数据传输与同步机制应能够支持系统的无缝扩展,同时保持数据的一致性和实时性。

(三)数据安全性与完整性保障

随着工业信息化的不断深入,数据已成为工业自动化系统的核心资源。然而,与此同时,数据泄露、篡改等安全风险也日益凸显。因此,确保数据在传输和存储过程中的安全性与完整性显得尤为重要。为实现这一目标,先进的加密技术如AES、RSA等被广泛应用于PLC与SCADA系统的数据交互中。这些加密技术通过对数据进行复杂的数学变换,使得未经授权的用户无法获取或理解数据的真实内容,从而有效防止了数据的泄露和非法访问。同时,人们利用数据校验和纠错码等手段,可以对数据进行完整性验证和错误修复,确保数据在传输过程中始终保持完整和准确。

二、实时监控与远程控制

(一)监控界面的设计与实现

监控界面在PLC与SCADA系统的协同工作中占据着举足轻重的地位,它对于提升操作人员对生产流程的掌控能力具有关键作用。在设计监控界面时,人机交互的友好性是一个不可忽视的要素。一个优秀的监控界面应当简洁明了,避免冗余信息,使得操作人员能够在第一时间获取关键的生产数据。同时,信息的展示方式也需要直观准确,以便操作人员能够迅速理解当前的生产状态。为了满足不同场景和用户需求,监控界面还应具备高度的自定义性和灵活性。这意味着界面设计应当模块化、可配置,以便根据实际需要调整显示内容和布局。此外,先进的图形化技术的运用也是实现这一目标的关键。通过采用高效的图形渲染引擎和实时数据更新机制,可以确保监控界面的实时性和准确性,从而为操作人员提供一个全面、高效的生产现场视图。在实现监控界面的过程中,还需要考虑到系统的稳定性和可扩展性。通过采用模块化设计、优化数据更新策略等手段,可以提升系统的稳定性和响应速度。同时,为了应对未来可能的功能扩展或修改需求,监控界面的设计也应当具备一定的前瞻性,预留足够的扩展空间。

第七章　PLC与其他自动化技术的结合应用

(二)远程控制指令的发送与执行

远程控制指令的发送与执行是实现PLC与SCADA系统协同工作的核心环节,其准确性和实时性直接关系到整个控制系统的效能。为了确保指令的完整性和正确性,系统需要采用先进的编码和解码技术,对控制指令进行精确处理。这不仅包括指令格式的标准化和验证机制的建立,还涉及指令内容的加密和校验,以防止在传输过程中被篡改或损坏。在指令传输方面,提高可靠性和实时性是至关重要的。为了实现这一目标,需要采用稳定的通信协议和高效的传输机制。例如,可以利用TCP/IP等可靠传输协议来确保指令数据的无误传输,同时结合优先级调度和流量控制等技术来优化传输效率。在PLC端,对接收到的远程控制指令进行精确解析和执行是至关重要的。PLC需要具备强大的处理能力和精确的时序控制能力,以确保生产过程能够严格按照指令要求进行调整。为了实现这一目标,PLC可以采用高效的指令解析算法和实时任务调度策略。此外,还需要建立完善的异常处理机制,以便在指令执行过程中出现问题时能够及时响应并处理。

(三)系统响应与反馈机制

系统响应与反馈机制是衡量PLC与SCADA系统协同工作性能的重要标准之一,一个高效的系统应当能够快速响应远程控制指令,并在执行过程中提供准确的反馈信息。为了实现这一目标,系统需要具备高效的内部处理机制和稳定的通信链路。高效的内部处理机制要求系统能够快速处理接收到的远程控制指令,并及时将处理结果反馈给SCADA系统。这涉及指令的解析、任务的调度和执行等多个环节。通过优化这些环节的处理流程和算法,可以提高系统的响应速度和执行效率。稳定的通信链路则是确保系统响应与反馈准确性的关键。通信链路需要采用可靠的通信协议和高效的数据传输技术,以确保指令和反馈数据的无误传输;同时,还需要建立完善的错误检测和纠正机制,以便在通信过程中出现问题时能够及时发现并处理。

三、报警与故障诊断

(一)报警信息的采集与分类

PLC与SCADA系统作为监控生产过程的核心组件,必须能够实时、准确地捕捉生产现场的各种异常信号。这些异常信号可能来源于设备故障、工艺参数超标、环境因素变化等多种情况,因此,报警信息的采集需要具备高度的灵敏性和全面性。为了实现有效的报警信息采集,系统需要配置相应的传感器和检测装置,以实时监测生产过程中的关键参数。一旦这些参数超出预设的安全阈值,PLC 与 SCADA 系统应立即触发报警机制,生成包含异常参数具体数值、发生时间、地点等关键信息的报警信息。这些信息对于后续的故障诊断和处理至关重要。在采集到报警信息后,对其进行合理的分类也是必不可少的步骤。分类的目的在于帮助操作人员和管理者迅速识别异常的严重性和紧急程度,从而做出及时的响应。报警信息的分类可以根据紧急程度、影响范围、故障类型等多个维度进行,例如,可以将报警信息划分为紧急报警、重要报警和一般报警等不同级别。

(二)故障诊断逻辑的设计与实现

故障诊断逻辑是工业自动化系统中不可或缺的一部分,它对于快速定位并处理故障具有至关重要的作用。在 PLC 与 SCADA 系统的协同工作中,故障诊断逻辑的设计需要基于深入的过程理解和丰富的实践经验,以确保其准确性和有效性。为了实现高效的故障诊断,首先需要预设一套完善的故障诊断算法。这些算法应根据不同的故障类型和场景进行定制,能够自动分析报警信息,识别出可能的故障点,并给出初步的故障原因分析。例如,对于某些常见的设备故障,可以通过对比历史数据和实时数据,利用模式识别技术来快速定位故障原因。在实现故障诊断逻辑时,强大的数据处理能力和灵活的算法支持是必不可少的,PLC 与 SCADA 系统需要能够高效地处理大量的实时数据,提取出有用的故障特征,并运用相应的算法进行故障分析。同时,为了适应不断变化的生产环境和故障模式,故障诊断逻辑还需要具备一定的自适应性和学习能力,能够根据实际情况进行调整和优化。

(三)故障处理与恢复策略

故障处理与恢复策略是工业自动化系统中保障生产连续性和稳定性的重要环节。在 PLC 与 SCADA 系统的协同工作中,一旦故障诊断逻辑识别出故障点并给出初步原因分析,系统需要立即启动相应的处理与恢复机制,以防止故障扩大并尽快恢复生产。故障处理策略的制定应综合考虑故障的性质、影响范围以及生产过程的实际需求。对于某些严重的故障,可能需要立即触发紧急停机程序,以确保人员和设备的安全;而对于一些较轻微的故障,则可能只需要进行局部的隔离或调整,以避免影响整个生产流程。在实施故障处理策略时,PLC与SCADA系统需要紧密配合,确保控制指令的准确执行和实时反馈的获取。恢复策略的制定则旨在尽快将系统恢复到正常的生产状态。这包括启动备用设备、重新配置生产参数、清理故障现场等措施。同时,系统还应详细记录故障处理的全过程,包括故障发生的时间、地点、原因以及所采取的处理措施和效果等信息。

四、优化生产流程

(一)生产数据的分析与挖掘

PLC与SCADA系统协同工作,为这一环节提供了丰富的数据基础。通过对历史生产数据的深入挖掘,可以揭示出生产过程中潜在的规律、趋势以及各要素之间的关联性。这些隐藏的信息对于优化生产流程、预测生产性能以及制定科学决策具有重要意义。在数据分析与挖掘过程中,聚类分析、时间序列分析等高级统计技术被广泛应用。聚类分析能够帮助识别出具有相似特征的数据群组,从而揭示出生产过程中的潜在问题和改进点。时间序列分析则通过对历史数据的时间序列特征进行建模和预测,为企业提供未来生产性能的参考。这些技术的运用,不仅提升了生产数据的价值,还为企业决策提供了更为精准的数据支持。此外,随着大数据和人工智能技术的不断发展,生产数据的分析与挖掘将迎来更为广阔的应用前景。

(二)生产流程瓶颈的识别与改进

在PLC与SCADA系统的支持下,企业可以实现对生产流程的实时监控和全面数据采集,进而准确识别出生产过程中的瓶颈环节。这些瓶颈可能表现为生产设备利用率低下、生产周期过长、物料等待时间过长等具体问题,严重制约了整体生产流程的顺畅性和效率。针对识别出的瓶颈问题,企业需要采取针对性的改进措施。这可能涉及优化设备布局以减少物料搬运距离和时间、提升设备性能以提高生产速度和稳定性、调整生产顺序以平衡各环节的生产负荷等。此外,持续改进是企业不断提升生产流程效率的重要原则。在实施改进措施后,企业需要定期评估改进效果,并根据实际情况进行必要的调整和优化;同时,借助 PLC 与 SCADA 系统的持续监控和数据分析功能,企业可以及时发现并解决新出现的瓶颈问题,确保生产流程始终保持高效运转状态。

(三)生产计划的优化与调度

生产计划是企业组织生产活动的核心依据,其合理性和有效性直接关系到企业的生产效率和市场竞争力。在 PLC 与 SCADA 系统的协同工作环境下,企业可以实时获取生产现场的数据反馈,这为生产计划的优化与调度提供了有力支持。基于实时数据和历史数据分析结果,企业可以更加精确地预测市场需求变化趋势、评估自身生产能力以及考虑供应链等外部因素的影响。通过这些综合分析,企业可以制定出更加贴合实际需求和自身能力的生产计划,避免过剩或不足的生产情况发生。同时,利用先进的调度算法和技术手段,如智能优化算法和实时调度系统等,企业可以实现对生产资源的合理配置和高效调度。

第三节　PLC 在工业自动化网络中的角色与功能

一、PLC 在工业自动化网络中的角色

(一)现场设备的控制中心

作为核心控制器,PLC 不仅负责接收来自各类传感器的输入信号,还需对这些信号进行高效、准确的处理。传感器所传递的信息多种多样,包括温度、压力、速度等关键生产参数,这些参数是确保生产流程稳定、产品质量可靠的基础。PLC 在处理这些输入信号时,依据的是预设的控制逻辑。这些逻辑经过精心设计和调试,旨在确保生产流程能够按照既定的要求进行。控制逻辑的复杂性因应用场景而异,可能涉及简单的顺序控制,也可能包含复杂的算法和策略。无论何种情况,PLC 都需要以高度的可靠性和稳定性来执行这些控制逻辑,以确保生产过程的连续性和安全性。在发出控制指令方面,PLC 同样扮演着关键角色。它根据处理后的输入信号和控制逻辑的判断结果,对执行器或现场设备发出精确的控制指令。

第七章　PLC 与其他自动化技术的结合应用

(二)数据采集与传输的枢纽

在工业自动化环境中，PLC 的另一重要角色是作为数据采集与传输的枢纽，这一功能的实现，得益于 PLC 强大的数据处理能力和灵活的通信接口。在生产现场，各类设备产生的数据量庞大且复杂，包括实时运行状态、生产参数、故障信息等。PLC 作为数据采集的前端设备，能够实时、准确地捕捉这些关键数据。通过内置的模数转换功能和数据处理算法，PLC 能够将模拟信号转换为数字信号，并进行必要的数据清洗和预处理，以确保数据的准确性和有效性。在数据采集的基础上，PLC 还承担着数据传输的重要任务。通过与上位机系统或数据中心的通信连接，PLC 能够将处理后的数据及时上传至更高层次的信息系统。这些数据不仅为生产监控提供了实时、全面的视角，还为后续的数据分析、优化决策提供了宝贵的信息资源。

(三)故障诊断与报警中心

在工业自动化控制系统中，PLC 不仅是一个控制中心，更是一个高效的故障诊断与报警中心。该功能的实现，凸显了 PLC 在提升系统可靠性和安全性方面的重要作用。PLC 能够实时监测现场设备的运行状态，这得益于其强大的数据处理能力和与各类传感器的紧密集成。通过对设备运行状态数据的持续收集和分析，PLC 能够迅速识别出异常情况，如设备故障、性能下降或操作失误等。这种实时监测机制是工业自动化系统中不可或缺的一环，它有助于及时发现问题，防止潜在的安全隐患转化为实际的事故。一旦 PLC 检测到异常情况，它会立即启动报警系统。这个报警系统不仅能够在本地发出明显的声光警报，提示现场操作人员注意并采取行动，还能通过网络将警报信息传送给远程监控中心。

(四)与其他系统的接口

在工业自动化领域，PLC 还扮演着与其他自动化系统或企业信息系统进行接口的重要角色，PLC 通过标准化的通信协议和接口技术，能够与其他系统进行无缝对接。这些系统可能包括上位机软件、MES(制造执行系统)、ERP(企业资源规划)等。通过与这些系统的交互，PLC 能够共享实时生产数据、设备状态信息以及控制指令，从而实现全面的生产管理和优化。此外，PLC 的接口功能还支持跨系统、跨平台的集成。这意味着不同厂商、不同技术架构的系统都能通过 PLC 实现数据的互通与共享。这种高度的集成性不仅提升了工业自动化网络的效率,还为企业带来了更大的灵活性和可扩展性。企业可以根据自身需求,随时添加或替换系统中的组件,而无须担心数据孤岛或系统不兼容的问题。

二、PLC 的主要功能

(一)顺序控制功能

1. 程序执行与逻辑判断

PLC 能够根据预先编写的程序执行任务,这些程序通常由专业技术人员使用特定的编程语言(如梯形图、指令列表等)编写而成,内含丰富的控制逻辑和指令。在执行过程中,PLC 严格按照设定的逻辑顺序,一步步地执行这些控制任务。每一个程序指令都被精确解释和执行,确保了控制过程的精确性和可靠性。通过逻辑判断功能,PLC 能够根据不同条件做出相应的控制决策。这些条件可能来自现场传感器的实时数据,也可能是内部程序状态的变化。

2. 步进控制

在许多生产流程中,各个步骤需要严格按照既定的顺序和时间节点进行,以确保产品质量和生产效率。PLC 通过步进控制功能,能够实现对这些步骤的精细管理。在步进控制模式下,PLC 根据预先设定的步骤序列和时间参数,控制现场设备按照既定的节奏进行工作。每一步的完成都是下一步开始的触发条件,形成了一个紧密衔接、环环相扣的控制链条。PLC 通过实时监测每个步骤的执行状态,确保每一步都能在规定的时间内准确完成,如果某个步骤出现异常或延误,PLC 会及时做出调整,以保证整个生产流程的顺利进行。

(二)数据采集与处理功能

1. 实时数据采集

在工业自动化系统中,实时数据采集是确保生产过程可视性和控制精度的关键环节。PLC(可编程逻辑控制器)作为系统的核心组件,具备强大的实时数据采集能力。它能够持续、稳定地从现场设备中捕获运行数据,这些数据包括模拟量信号和数字量信号。模拟量信号反映了设备的连续变化状态,如温度、压力等物理量的实时值;而数字量信号则代表了设备的开关状态或离散事件,如阀门的开启与关闭。PLC通过高精度的采样机制,确保这些数据的实时性和准确性,为后续的数据处理、控制决策提供了可靠的基础。

2. 数据处理与转换

在PLC的功能体系中,数据处理与转换占据着举足轻重的地位。PLC不仅负责实时采集现场设备的运行数据,还需要对这些数据进行深入的处理和转换,以满足多样化的控制需求。处理过程可能包括数据滤波,以消除噪声和干扰,确保数据的平滑性和可信度;数据缩放,将原始数据映射到特定的数值范围,便于后续的计算和分析;以及数据类型转换,如将模拟量数据转换为数字量数据,或实现不同数据格式之间的转换。

(三)运动控制功能

1. 电机控制

在工业自动化控制领域,电机控制是至关重要的一环,PLC(可编程逻辑控制器)以其强大的控制能力和灵活性,在电机控制方面发挥着举足轻重的作用。PLC能够精确控制电机的启动、停止、速度和方向,从而实现对生产设备的精确驱动。这种精确控制不仅确保了生产过程的稳定性和高效性,还延长了设备的使用寿命,降低了维护成本。通过PLC的电机控制功能,企业能够实现对生产流程的精细化管理,提高产品质量和生产效率,进而在激烈的市场竞争中脱颖而出。

2. 位置与轨迹控制

对于需要精确定位或按特定轨迹运动的设备,PLC提供了不可或缺的高精度运动控制功能。这类设备在工业自动化领域中广泛应用,如数控机床、装配线上的机械臂等。PLC通过接收编码器、光栅等位置检测装置的反馈信号,实时掌握设备的当前位置和运动状态。根据预设的控制算法,PLC能够精确计算出设备下一步的运动指令,确保设备按照既定的轨迹和精度要求运动,这种高精度的位置与轨迹控制功能,不仅提升了设备的定位精度和运动平稳性,还为自动化生产线的高效、稳定运行提供了有力保障。

(四)通信联网功能

1. 与其他 PLC 通信

在工业自动化控制系统中,PLC 之间的通信是实现复杂生产流程协同控制的关键。通过特定的通信协议和接口,不同的 PLC 可以实现数据交换和指令传递。这种通信机制使得多个 PLC 能够共同协作,完成单个 PLC 难以应对的复杂控制任务。数据交换不仅包括实时生产数据、设备状态信息,还可能涉及控制策略的调整和优化指令。通过这种方式,整个生产流程能够在多个 PLC 的协同控制下高效、稳定地运行,从而满足复杂生产流程的需求。

2. 与上位机通信

上位机通常承担着生产监控、数据管理和决策支持等高级功能,而 PLC 则负责现场设备的实时控制。通过标准的通信接口和协议,PLC 能够与上位机进行数据交互,实现信息的双向传递。PLC 接收上位机发出的指令,这些指令可能涉及生产参数的调整、控制模式的切换或特定操作的执行。同时,PLC 也将现场采集的数据上传至上位机,供其进行监控、分析和存储。这种通信机制确保了上位机能够全面掌握生产现场的实时情况,从而做出准确、及时的决策。

三、PLC 在工业自动化网络中的发展趋势

(一)网络化与互联互通

在工业自动化领域中,PLC 作为核心控制设备,其与其他设备和系统的无缝连接显得尤为关键。通过网络化技术的引入,PLC 能够实现与现场设备,如传感器、执行器等的高效通信,确保数据的实时采集和精准控制。更为重要的是,PLC 还能与上位机系统、企业管理系统等实现信息的双向传递与共享,从而构建起一个全面、透明的工业生产信息网络。在这一趋势下,PLC 不仅能够实时传输生产数据、设备状态信息,还能接收并执行来自远程的控制指令,实现真正的远程监控与调试。这意味着,技术人员无须亲临现场,即可对 PLC 进行参数调整、程序更新等操作,极大地提高了维护的便捷性和响应速度。此外,为了适应不同工业场景的需求,PLC 还将支持更多的网络通信协议和标准,确保其能够在各种复杂的工业环境中稳定、高效地运行。

(二)模块化与标准化

模块化设计允许 PLC 根据具体的控制需求进行灵活的配置和组合,从而满足不同场景下的特定要求。这种设计方式不仅降低了生产成本,还大大提高了系统的可扩展性和可维护性。当需要增加新的功能或替换某些组件时,只需对相应的模块进行替换或升级,而无须对整个系统进行大规模的改动。与此同时,标准化则是推动 PLC 广泛应用的另一关键因素。通过制定和遵循统一的标准,不同厂家生产的 PLC 能够实现良好的兼容性和互换性,从而简化了系统集成的过程并降低了维护的复杂度。国际电工委员会(IEC)等权威机构在这一过程中发挥着举足轻重的作用,它们不断推动 PLC 相关标准的制定和完善,为 PLC 技术的持续发展和广泛应用奠定了坚实的基础。随着模块化与标准化进程的不断深入,PLC 将在工业自动化领域展现出更加广阔的应用前景。

(三)小型化与微型化

在工业自动化应用领域持续拓展的背景下,特别是在空间受限的场景中,如智能家居、农业自动化等,对小型化和微型化 PLC 的需求正日益突显。这类 PLC 产品以其体积小、重量轻、功耗低等显著特点,展现出极高的安装灵活性和布线便捷性,同时其相对较低的成本也进一步促进了其广泛应用。为了满足这些新兴领域对控制系统的严苛要求,PLC 制造商正积极投身于更小型、更高效 PLC 产品的研发与创新。他们通过采用先进的集成电路技术、优化系统结构设计等手段,不断推动 PLC 产品向更小型化、微型化方向发展。

(四)智能化与自适应控制

随着先进算法和人工智能技术的不断发展,PLC 有望实现对生产过程的自学习、自优化和自适应控制,从而引领工业自动化控制领域迈向新的高度。通过引入智能化算法,PLC 能够实时分析生产数据,自动调整控制策略,以优化生产效率和产品质量。同时,自适应控制技术的融入将使 PLC 能够根据设备的实际运行状态和外部环境变化,自动调整控制参数,确保生产过程的稳定性和可靠性。此外,智能化 PLC 还将具备故障预测和预防性维护能力,通过实时监测设备状态,提前发现潜在故障,并采取相应措施进行预防和维护,从而显著延长设备的使用寿命并提高整体运行的稳定性。

第四节　PLC与智能仪表、执行机构的联动控制

一、PLC与智能仪表的联动

(一)智能仪表的数据采集与处理

在工业自动化控制系统中,智能仪表不仅具备高精度的传感器以捕获各种过程参数,如温度、压力、流量等,而且其内部集成的处理器还能对这些原始数据进行初步的处理和分析。这种处理包括但不限于数据滤波、线性化、单位转换以及异常值检测等,旨在从源头上确保数据的准确性和可靠性。经过处理的数据随后通过标准化的通信接口,如RS-232、RS-485或以太网接口等,稳定且高效地传输给PLC(可编程逻辑控制器)。PLC作为系统的控制核心,依赖于这些实时、准确的数据来制定并执行相应的控制策略。因此,智能仪表的数据采集与处理功能在整个控制系统中扮演着至关重要的角色,为后续的控制决策提供了坚实的数据基础。

(二)PLC对智能仪表的控制指令下发

PLC作为工业自动化控制系统的核心组件,其重要职责之一是根据从智能仪表接收的实时数据以及预设的控制逻辑,精确地计算出相应的控制指令。这些控制指令是PLC对生产过程进行精确调控的具体体现,它们通过稳定可靠的通信网络下发给各个智能仪表。智能仪表接收到这些指令后,会立即执行相应的操作,如调整设定参数、启动或停止特定功能等,从而确保生产过程的精确性和灵活性。这种控制指令的下发机制是自动化控制系统中的关键环节,它不仅体现了PLC对生产过程的全面掌控能力,也展示了智能仪表在执行具体控制任务时的准确性和响应速度。

(三)PLC与智能仪表的通信协议及接口

在工业自动化领域,PLC与智能仪表之间的通信是实现高效控制的关键,为了确保这两者之间的顺畅通信,必须采用统一的通信协议和兼容的接口。通信协议,如Modbus、Profibus、Ethernet/IP等,在数据传输过程中起着至关重

要的作用。它们详细规定了数据的传输格式、速率、错误检测与处理机制,从而确保了数据在传输过程中的完整性和准确性。同时,标准的通信接口,如RS-232、RS-485和以太网接口,为数据的稳定传输提供了物理层面的保障。这些接口具有良好的兼容性和稳定性,能够满足不同设备和系统之间的连接需求。在选择通信协议和接口时,需要综合考虑系统的实际需求、设备的兼容性以及未来的扩展性等因素,以确保PLC与智能仪表之间能够实现高效、稳定的通信,进而提升整个工业自动化控制系统的性能和可靠性。通过这种精细化的配置和选择,可以最大化地发挥PLC与智能仪表在工业自动化控制系统中的协同作用,推动工业生产向更高效率、更高质量的方向发展。

(四)联动控制中的数据处理与同步

在PLC与智能仪表的联动控制系统中,数据处理与同步是保障系统稳定性和实时性不可或缺的环节。由于PLC需要从多个智能仪表中实时接收并处理数据,这就要求系统具备高效的数据处理能力。数据处理包括数据的解析、转换、存储和分析等步骤,这些步骤对于控制系统的决策制定至关重要。同时,为了确保各个智能仪表之间的数据保持一致性,同步机制的实施变得尤为关键。通过采用时间戳同步或数据块同步等技术手段,可以确保所有仪表的数据在时间上保持对齐,从而减少数据传输延迟或误差所带来的不确定性。这种同步处理不仅提升了控制系统的整体性能,也增强了系统对突发事件的响应能力,使得整个工业自动化流程更加稳健和可靠。

(五)智能仪表在PLC控制系统中的集成应用

智能仪表在PLC控制系统中的集成应用,是实现工业自动化高效、精准控制的重要基石。通过将智能仪表与PLC控制系统紧密结合,可以实现对生产流程的全面监控和实时优化。以化工、制药等行业为例,智能仪表能够实时监测反应釜内的温度、压力等核心工艺参数,并将这些关键数据实时反馈给PLC控制系统。PLC根据接收到的数据,结合预设的控制逻辑,能够迅速调整相应的控制策略,从而确保生产过程的安全性、稳定性和高效性。这种集成应用方式不仅显著提升了生产效率,更通过优化资源利用和减少不必要的能耗,降低了企业的运营成本;同时,通过减少生产过程中的废品率,进一步提高了产品质量和企业盈利能力。

二、执行机构的精确控制

（一）PLC 对执行机构的指令解析与执行

在工业自动化控制系统中，PLC（可编程逻辑控制器）发挥着核心作用，负责将高级控制逻辑转化为具体的、可执行的指令，并进一步下发给执行机构。这一过程涵盖了指令的生成、精确解析以及有效执行等多个关键环节。具体而言，PLC 会根据预设的复杂控制算法或实时从现场设备接收的反馈数据，经过内部高速运算，准确计算出执行机构应当采取的动作指令，例如启动、停止、正转、反转等。这些指令随后通过稳定可靠的通信接口，如以太网、现场总线等，被准确无误地发送给对应的执行机构。执行机构在接收到来自 PLC 的指令后，其内部集成的控制器会立即进行指令的解析工作。这一过程主要是将接收到的指令信号转化为能够直接驱动电机、气缸或其他动力部件的具体控制信号。通过这一系列的精确操作，执行机构能够实现对各种复杂动作指令的快速、准确响应，从而确保整个工业自动化系统的稳定、高效运行。

（二）执行机构的精确位置控制与速度调节

在工业自动化领域，执行机构的精确位置控制与速度调节对于确保生产过程的准确性、高效性以及安全性具有至关重要的意义。为了实现这一目标，PLC 与执行机构之间必须进行紧密且高效的配合。具体而言，PLC 需要实时获取执行机构的当前位置信息，并根据预设的控制逻辑或实时生产需求，计算出目标位置以及到达该位置所需的最佳路径。随后，PLC 会将这些关键信息以指令的形式下发给执行机构，指导其进行精确的位置控制操作，如精确定位、轨迹跟踪等。同时，PLC 还具备实时调节执行机构速度的功能。根据生产现场的实际状况以及不同的工艺要求，PLC 可以动态地调整执行机构的运行速度，以确保其在满足生产需求的同时，也能够实现能源的高效利用和设备的长期稳定运行。

（三）力矩输出与负载特性的匹配

由于不同的生产环境和工艺流程会对执行机构产生各异的负载需求，因此，执行机构必须具备能够根据这些变化输出相应力矩的能力。PLC（可编程逻辑控制器)在这一过程中发挥着关键作用。它通过实时监测执行机构的运行状态,如速度、位置以及电流等参数,并结合对负载特性的深入分析,动态地调整执行机构的力矩输出。这种调整旨在实现力矩输出与负载需求之间的最佳平衡,从而提高执行机构的运行效率,减少不必要的能耗。此外,通过精确的力矩匹配,还可以有效延长执行机构的使用寿命,降低过载或欠载引起的故障风险。更为重要的是,PLC 还具备预设的保护逻辑功能,一旦检测到负载超过允许范围,它会迅速切断执行机构的电源或触发其他相应的保护措施。

(四)执行机构故障检测与 PLC 的应急处理

在工业自动化系统中,执行机构的稳定运行对整个生产流程的连续性和安全性具有决定性影响。然而,由于环境因素、设备老化或操作不当等原因,执行机构在运行过程中难免会出现各种故障。为了及时发现并妥善处理这些故障,PLC 的故障检测功能显得尤为重要。通过与执行机构建立实时通信,PLC 能够持续监测其运行状态和关键参数的变化。一旦检测到异常情况,如传感器数据异常、电机电流波动等,PLC 会立即触发预设的报警机制,通知操作人员注意并采取相应的措施。同时,为了最大限度地减轻故障对生产流程的影响,PLC 还会根据预设的应急处理逻辑自动执行一系列应对措施。这些措施可能包括切换到备用执行机构、调整生产流程以绕过故障点,或者降低生产负荷以维持系统的稳定运行等。这种集故障检测和应急处理于一体的机制,不仅提高了工业自动化系统对突发事件的应对能力,也为企业减少了设备故障带来的潜在损失。

三、联动控制的实现方式

(一)硬接线与通信网络的结合

在工业自动化控制系统中,硬接线与通信网络的有机结合为实现 PLC(可编程逻辑控制器)与智能仪表、执行机构等设备的联动控制提供了重要手段。硬接线,即通过物理电缆进行直接的设备连接,以其传输稳定性高和实时性好的特点,在传输关键控制信号时显示出无可替代的优势。它能确保重要指令和反馈信息的及时、准确传递,从而满足工业自动化对于实时性和精确性的严苛要求。与此同时,通信网络技术的应用则进一步提升了系统的灵活性和可扩展性。通过无线网络或有线网络，设备间可以实现远程数据传输和信息共享，这不仅突破了物理连接的局限性，还大幅降低了布线的复杂度。更重要的是，通信网络使得系统能够轻松应对设备增减或布局调整等变化，从而显著提高了工业自动化系统的适应性和可维护性。

（二）现场总线技术在联动控制中的应用

现场总线技术，作为工业自动化领域中的一项关键通信协议，正日益成为实现设备间高效数字通信和数据交换的重要桥梁。在 PLC 与智能仪表、执行机构等设备的联动控制中，现场总线技术的应用显得尤为重要。通过现场总线，PLC 能够方便地与系统中的各种智能设备建立连接，不仅实现了数据的实时采集和传输，还能确保控制指令的准确下发。这种高效的通信方式大大提升了工业自动化系统的响应速度和控制精度。此外，现场总线技术还带来了分布式控制的优势，使得系统的控制功能更加分散和灵活。这不仅增强了系统的可靠性，还使得维护和故障排除变得更加便捷。同时，现场总线技术的标准化和开放性，也为不同厂商设备的集成提供了可能，进一步促进了工业自动化系统的发展和创新。

（三）工业以太网在 PLC 联动控制中的优势

工业以太网，作为一种专为工业环境设计的高速、高效通信网络，在 PLC 联动控制系统中展现出显著的优势。其最突出的特点便是能够实现设备间的高速数据传输和实时通信，这对于工业自动化系统而言是至关重要的。工业环境中常常需要处理大量的数据，并对数据传输的速度和准确性有着极高的要求，工业以太网便能很好地满足这些需求，确保数据的及时、准确传递。不仅如此，工业以太网还具备开放性好、兼容性强以及可扩展性高等诸多特点。这意味着它可以轻松地与各种不同类型的设备进行连接和通信，无论是老旧的设备还是最新的智能设备，都能通过工业以太网实现无缝对接。

（四）数据交换格式与通信协议的选择

在 PLC 与智能仪表、执行机构等设备的联动控制系统中，数据交换格式与通信协议的选择显得尤为关键。一个合适的数据交换格式能够确保数据在传输过程中的准确性和完整性，同时提高数据处理的效率。例如，JSON 和 XML

第七章　PLC与其他自动化技术的结合应用

等常见的数据交换格式,由于它们具有良好的可读性和扩展性,被广泛用于各种工业自动化系统中。另一方面,统一的通信协议则是实现设备间无缝连接和协同工作的基石。Modbus、Profibus、Ethernet/IP 等通信协议在工业界有着广泛的应用。这些协议不仅确保了设备间的兼容性,还使得系统能够稳定、高效地运行。在选择数据交换格式与通信协议时,必须综合考虑多个因素。这包括系统的实际需求,如数据传输的速度、数据量的大小等;设备的兼容性,以确保各种设备能够顺畅地接入系统;以及未来的可扩展性,为系统的升级和扩展留下足够的空间。

第八章　PLC 控制系统的未来展望与发展

第一节　PLC 技术的新发展趋势与前景

一、PLC 技术的智能化升级

(一)集成智能算法提升控制性能

PLC 技术在自动化控制领域的智能化升级,正引领着工业控制系统向更高层次的智能化发展。具体而言,PLC 技术正逐步融合一系列先进智能算法,诸如模糊逻辑控制、神经网络以及深度学习模型等,这些算法的应用显著增强了 PLC 自动化控制系统的灵活性和控制精准度。模糊逻辑控制允许 PLC 在缺乏精确数学模型的情况下,基于经验和规则进行模糊推理,实现对复杂系统的有效控制。神经网络则通过模拟人脑神经元的连接结构,具备强大的学习和自适应能力,能够基于历史数据和实时反馈动态调整控制策略,优化生产流程。深度学习模型则能够挖掘更深层次的数据特征,实现更精准的控制和预测。这些智能算法的应用,使得 PLC 能够更好地适应复杂多变的工业环境,显著提升生产效率和产品质量,同时降低能耗与运营成本,为工业自动化控制领域带来了革命性的变革。

(二)自我诊断与故障预测

智能化 PLC 的自我诊断与故障预测能力,是其提升系统可靠性和稳定性的重要手段。智能化 PLC 具备强大的实时监测功能,能够实时采集内部状态与外部运行环境的数据,包括电流、电压、温度等关键参数,及时发现潜在故障并发出预警。同时,PLC 还内置了故障预测模型,这些模型基于机器学习算法,能够基于运行数据预测设备寿命、故障趋势以及可能的故障模式。这些预测信息为预防性维护提供了科学依据,使得维护人员能够在故障发生前采取行动,避免非计划停机,延长设备使用寿命。此外,自我诊断与故障预测功能还能够减少维护成本,提高整体系统的可靠性和稳定性,为工业自动化控制系统的持续优化和升级提供了有力支持。

(三)人机交互界面的智能化

PLC 技术的人机交互界面智能化变革,是提升工业自动化控制系统操作便捷性和用户体验的重要途径。新一代 PLC 配备了高分辨率触摸屏、语音控制等先进交互方式,这些技术使得操作人员能够更加方便地访问设备状态、调整参数设置以及监控生产过程。触摸屏界面直观易懂,支持图形化显示和多点触控操作,使得操作人员能够轻松上手,减少误操作的可能性。语音控制则实现了人与 PLC 的自然交互,提高了操作效率。此外,智能化人机交互界面还支持自定义布局与功能扩展,可以根据不同用户的操作习惯和实际需求进行个性化设置,满足不同用户的个性化需求。这些智能化界面技术的应用,不仅提升了操作便捷性,还增强了用户体验,使得工业自动化控制系统的操作更加智能化、人性化。

二、PLC 技术的网络化与远程监控

(一)物联网集成与数据共享

PLC 技术在与物联网技术的深度融合中,展现出了强大的连接与交互能力。通过物联网平台,PLC 能够轻松实现设备间的无缝连接,确保信息的实时、准确传递。这一集成不仅显著提升了 PLC 的智能化水平,更为工业物联网生态系统的构建提供了坚实的基础。PLC 作为数据采集的关键节点,能够实时捕捉设备运行过程中的各类参数,如电流、电压、温度等,并将这些数据通过物联网平台传输至云端或其他相关设备。这种全面的数据共享机制,极大地促进了生产流程的透明化和可追溯性,使得企业能够基于实时数据优化生产计划,提高资源利用率。同时,物联网平台的数据分析能力也为企业提供了快速响应市场变化的决策支持,助力企业在激烈的市场竞争中占据先机。在物联网集成与数据共享的过程中,PLC 技术还展现出了强大的兼容性和可扩展性,它能够与多种类型的传感器和执行器进行无缝对接,实现复杂工业场景的全面监控;此外,PLC 还支持多种通信协议,确保数据在不同设备间的顺畅传输。

（二）远程监控与故障诊断

PLC 技术的网络化特性为其在远程监控领域的应用提供了有力支持,通过专用的远程监控软件或平台,技术人员可以随时随地查看 PLC 及其连接设备的运行状态,实现全面的远程监控。在远程监控的基础上,PLC 还具备强大的自我诊断功能。它能够实时监测内部状态和外部运行环境,一旦发现异常情况,立即发出警报并报告异常状况。结合远程监控平台,技术人员可以在线进行故障诊断,甚至实现远程修复。这种在线故障诊断与远程修复的能力,极大地提升了维护效率和系统可靠性,降低了维护成本。此外,PLC 技术在远程监控与故障诊断领域的应用还推动了工业自动化控制系统的智能化升级。通过集成先进的算法和模型,PLC 能够实现对设备状态的智能预测和预警,为预防性维护提供科学依据。

（三）云计算与大数据分析

PLC 技术与云计算的结合,为工业数据的存储、处理与分析提供了前所未有的计算能力。云计算平台能够轻松应对来自 PLC 的海量数据,运用大数据分析技术挖掘数据价值,发现生产过程中的优化空间。这种基于数据的决策支持,不仅有助于企业实现精细化管理,还能预测设备故障、优化生产流程,提高整体运营效率。在云计算与大数据分析的框架下,PLC 技术能够实现对生产过程的全面监控和实时分析。通过收集和分析设备运行数据、生产参数等信息,企业可以及时发现生产过程中的瓶颈和问题,并采取相应的措施进行改进;同时,云计算平台还能够根据历史数据和实时数据预测设备故障趋势和可能发生的故障模式,为预防性维护提供科学依据。

三、PLC 技术的模块化与可扩展性

（一）模块化设计提升系统灵活性

模块化设计通过将不同功能模块进行分离,使得系统构建变得更加灵活多变,能够满足不同应用场景的多样化需求。在模块化 PLC 系统中,用户可以根据实际需求选择并组合功能模块,快速搭建出符合特定要求的控制系统。这种设计方式不仅简化了系统的安装与维护过程,还降低了系统成本,因为用

户只需购买所需的模块,避免了资源的浪费。模块化设计使得PLC系统具有极高的可配置性和可重构性。当用户需要修改或扩展系统功能时,只需替换或添加相应的模块,而无须对整个系统进行大规模的改造。这种设计方式不仅提高了系统的适应性,还延长了系统的生命周期。此外,模块化PLC还具备较高的可靠性和稳定性,因为每个模块都经过严格的测试和验证,能够确保系统在各种恶劣环境下稳定运行。

(二)可扩展性支持系统未来升级

PLC技术的可扩展性是其另一项重要优势。随着技术的快速发展和业务需求的不断增长,工业自动化控制系统可能需要不断升级和扩展,以适应新的应用场景和性能要求。PLC的可扩展性确保了系统能够轻松应对这些变化,通过添加新的模块或升级现有模块,即可实现功能的扩展和性能的提升。PLC系统的可扩展性主要体现在两个方面:一是硬件层面的扩展性,即系统能够支持更多类型和数量的输入输出模块、通信模块等;二是软件层面的扩展性,即系统能够支持更复杂的控制算法和数据处理功能。这种设计使得PLC系统能够紧跟技术发展趋势,保持长期竞争力。

在工业自动化领域,PLC系统的可扩展性对于企业的长期发展具有重要意义。一方面,随着生产规模的扩大和工艺流程的改进,企业可能需要增加新的控制点和传感器,以实现对生产过程的更精细控制。PLC系统的可扩展性能够轻松满足这一需求,确保系统能够持续为企业创造价值。另一方面,随着新技术的不断涌现,如物联网、云计算、大数据等,企业可能需要将PLC系统与其他智能化设备进行集成,以实现更高级别的自动化和智能化。

(三)标准化与互操作性促进系统集成

PLC技术的模块化与可扩展性还体现在其标准化和互操作性上。遵循国际标准和协议,不同制造商生产的PLC模块可以实现互操作,这意味着用户可以在不同品牌之间自由选择模块,构建出最优化的系统配置。这种标准化设计不仅促进了PLC技术的普及和应用,还降低了系统集成和维护的复杂性。标准化是PLC技术得以广泛应用的重要基础。通过遵循统一的标准和协议,不同制造商生产的PLC模块可以实现无缝集成,从而构建出高效、可靠的工业自动化控制系统。这种标准化设计使得用户能够根据需要自由选择不同品牌的 PLC 模块,避免了单一品牌可能带来的风险。同时,标准化还为 PLC 系统与其他工业自动化设备的集成提供了可能,进一步推动了工业自动化的发展。互操作性是 PLC 技术标准化的重要体现。在工业自动化领域,不同设备和系统之间的互操作性对于实现高效、灵活的生产流程至关重要,PLC 技术的标准化设计使得不同品牌之间的 PLC 模块能够实现互操作,从而实现了设备之间的无缝连接和数据交换。

四、PLC 技术在新能源与智能制造领域的应用

(一)新能源发电系统的控制

在新能源发电系统中,PLC 技术作为控制系统的核心组成部分,其重要性不言而喻。风力发电和光伏发电等可再生能源发电站,依赖于高效稳定的控制系统来确保电力输出的连续性和可靠性。PLC 技术凭借其卓越的逻辑控制能力和实时数据处理能力,在新能源发电系统中发挥着至关重要的作用。PLC 通过集成先进的传感器和执行器,能够实时监测风速、光照强度等关键环境参数。这些环境参数对于发电策略的制定至关重要。PLC 根据实时监测到的数据,动态调整发电设备的运行参数,以最大化利用自然资源,提高电力转换效率。同时,PLC 还具备强大的安全保护功能,能够实时监测系统的运行状态,及时发现并处理潜在的安全隐患,确保新能源发电系统的安全稳定运行。

(二)智能制造系统的核心控制

在智能制造领域,PLC 技术作为自动化控制系统的核心,为生产线的智能化升级提供了强大的动力。PLC 技术通过集成传感器、机器人、自动化生产线等多种设备,实现了生产流程的精确控制和优化。PLC 通过编程,可以精确控制每个生产环节的时间、速度和顺序。这种精确控制对于产品质量的稳定性和生产效率的最大化至关重要。在生产过程中,PLC 能够实时监测生产线的运行状态,及时发现并处理潜在的生产问题,确保生产流程的顺畅进行。同时,PLC 还支持远程监控和故障诊断功能,技术人员可以通过远程访问 PLC 系统,实时监测设备的运行状态,及时发现并处理故障,为智能制造系统的稳定运行提供了有力保障。

(三)新能源车辆的控制系统

随着新能源汽车产业的蓬勃发展,PLC 技术在新能源车辆的控制系统中发挥着越来越重要的作用。PLC 技术凭借其强大的控制能力和实时数据处理能力,为新能源车辆的高效、安全、稳定运行提供了坚实的技术支撑。在新能源车辆的动力系统控制方面,PLC 技术发挥着至关重要的作用。PLC 通过集成先进的传感器和算法,能够实时监测车辆状态,如车速、电池电量、电机温度等关键参数。这些参数对于车辆控制策略的制定至关重要。PLC 根据实时监测到的数据,动态调整控制策略,以优化能源利用效率,延长车辆续航里程。同时,PLC 还具备强大的安全保护功能,能够实时监测车辆的动力系统状态,及时发现并处理潜在的安全隐患,确保新能源车辆的安全稳定运行。

第二节 PLC 在智能制造与工业 4.0 中的角色

一、PLC 作为自动化控制的核心

(一)精确控制与生产优化

PLC(可编程逻辑控制器)在自动化控制领域中占据着举足轻重的地位,其精确的控制能力是实现高效生产的关键所在。PLC 通过预设的程序逻辑,能够实现对生产线上各类设备的精准控制。这种控制能力不仅体现在对电机、阀门、传感器等设备的精确操作上,更体现在对整个生产流程的精细调控上。在生产过程中,PLC 能够按照预定的时序和条件,对各个生产环节进行严格的控制,确保每个步骤都能按照既定的流程进行。这种精确控制不仅显著提高了生产效率,使得生产线能够以更高的速度运行,同时也有助于优化生产流程,减少资源浪费。例如,在制造业中,PLC 可以根据产品的规格和工艺要求,自动调整设备的运行参数,如转速、温度、压力等,从而实现定制化生产,满足市场的多样化需求。这种灵活的控制方式不仅提高了产品的质量和一致性,也为企业带来了更大的市场竞争力。此外,PLC 的精确控制还有助于实现生产过程的智能化和自动化,通过与传感器和执行器的紧密配合,PLC 能够实时监测生产线的状态,并根据实际情况进行自动调整。

(二)高度集成与灵活配置

PLC 系统的高度集成性是其作为自动化控制平台的重要优势之一。通过将多种控制功能集成在一个紧凑的设备中,PLC 大大简化了控制系统的结构,降低了安装和维护的成本。这种高度集成的特点使得 PLC 在工业自动化领域具有广泛的应用前景,无论是大型生产线还是小型自动化设备,都可以通过 PLC 实现高效的控制和管理。同时,PLC 还具有极高的灵活性和可配置性。用户可以根据实际生产需求,通过编程软件轻松调整控制逻辑和参数设置。这种灵活性使得 PLC 能够适应各种复杂多变的生产环境,无论是生产线的扩建还是设备的更新,都可以通过修改 PLC 的程序来实现。这种可配置性不仅提高了 PLC 的适用性,也为企业提供了更大的自由度,使得企业能够根据市场需求和自身条件进行灵活的生产调整。

(三)可靠性与稳定性保障

在工业自动化领域,设备的可靠性和稳定性是确保生产连续性和安全性的关键因素。PLC 作为自动化控制的核心设备,其可靠性和稳定性对于整个生产线的运行至关重要。PLC 采用了先进的硬件设计和软件算法,确保了其在恶劣工业环境中的稳定运行。其硬件设计采用了高可靠性的元器件和模块化的结构,使得 PLC 在面临电磁干扰、振动、温度变化等外部因素时,能够保持稳定的性能。同时,PLC 的软件算法也经过了严格的测试和验证,确保了其在各种复杂工况下的稳定性和可靠性。此外,PLC 还具备自我诊断和故障保护功能,一旦检测到异常情况,PLC 能够立即采取措施保护设备和生产线,避免生产中断和安全事故的发生。

二、PLC 促进生产流程的智能化升级

(一)智能监控与预警系统

在现代化工业生产中,PLC(可编程逻辑控制器)在生产流程智能化升级中扮演着至关重要的角色,其中智能监控与预警系统的构建是其核心作用之一。PLC 通过集成传感器和执行器,能够实时监测生产线的运行状态,这一功能为生产线的安全、高效运行提供了有力保障。具体而言,PLC 能够实时采集

设备的温度、压力、流量等关键参数,这些参数对于评估生产线的运行状态至关重要。通过预设的阈值和逻辑判断,PLC 能够对这些参数进行实时监测和分析。一旦这些参数超出预设范围,PLC 将自动触发预警机制,通过声光报警、短信通知或邮件提醒等多种方式,及时将预警信息传达给相关人员。这种智能监控与预警系统不仅提高了生产线的安全性,使得潜在的安全隐患能够在第一时间被发现和处理,还能在问题发生前采取预防措施,避免生产中断和损失。此外,智能监控与预警系统还能够为生产线的优化提供数据支持,通过对历史数据的分析和挖掘,可以发现生产过程中的潜在问题和瓶颈,为生产线的优化提供有力依据。同时,智能监控与预警系统还能够实现生产过程的可视化,使得相关人员能够直观地了解生产线的运行状态,提高生产管理的效率和准确性。

(二)自动化调整与优化策略

随着市场竞争的加剧和消费者需求的多样化,企业需要不断提高生产线的灵活性和适应性,以快速响应市场变化。PLC 凭借其强大的数据处理和分析能力,能够实现生产策略的自动化调整和优化。在生产过程中,PLC 能够实时监测产品的规格、原材料质量以及市场需求等关键信息。基于这些信息,PLC 能够自动调整设备的运行参数,如速度、温度或压力等,以确保产品质量和生产效率的最优化。这种自动化调整能力使得生产线能够根据不同的生产需求进行灵活调整,提高了生产线的灵活性和适应性。同时,PLC 还能够通过数据分析发现生产过程中的潜在问题和瓶颈,例如,通过分析设备的运行数据,可以发现设备的磨损情况和性能下降的趋势,从而提前进行维护和保养。此外,PLC 还能够通过数据分析发现生产过程中的浪费和瓶颈,为生产线的优化提供有力依据。

(三)远程控制与故障诊断

在现代化工业生产中,生产线的维护效率对于企业的连续生产和竞争力至关重要。PLC 支持远程控制与故障诊断功能,这一功能为生产线的维护提供了有力保障。通过网络远程访问 PLC 系统,技术人员可以实现对生产线的实时监控和控制。这种远程监控能力使得技术人员能够随时了解生产线的运行状态,及时发现和处理潜在问题。同时,远程监控还能够实现生产过程的可视化,使得技术人员能够直观地了解生产线的运行情况,提高维护的效率和准确性。在设备出现故障时,技术人员可以通过远程分析 PLC 系统记录的错误日志和故障信息,快速定位问题原因。这种远程故障诊断能力不仅提高了维护效率,降低了维护成本,还能够避免设备故障导致的生产中断和损失。此外,远程故障诊断还能够实现故障数据的共享和分析,为生产线的优化和改进提供有力支持。

三、PLC 助力实现生产数据的实时采集与分析

(一)数据采集与存储

在现代化工业生产环境中,PLC(可编程逻辑控制器)作为生产数据实时采集与分析的核心设备,发挥着至关重要的作用。PLC 通过集成多种高精度传感器和执行器,能够实时捕捉生产线上的各类关键数据,包括但不限于设备的工作状态、生产进度、能耗情况以及环境参数等。这些数据对于全面、准确地了解生产线的运行状况至关重要。PLC 在数据采集的过程中,不仅确保了数据的实时性,还保证了数据的准确性和完整性。通过内置的数据处理模块,PLC 能够对采集到的原始数据进行预处理,包括数据清洗、格式转换等,以确保数据的可用性和一致性。随后,这些数据被准确记录并存储在 PLC 的内置存储器中,或者通过通信接口传输至外部数据库进行长期保存。企业可以充分利用 PLC 采集到的生产数据,对生产流程进行深度剖析。通过对历史数据的挖掘和分析,可以发现生产过程中的潜在问题和瓶颈,进而提出针对性的改进措施。此外,实时数据的监控和分析还有助于企业及时发现生产线的异常情况,迅速采取应对措施,确保生产的连续性和稳定性。

(二)数据分析与可视化

随着大数据技术的不断发展,PLC 已经内置了强大的数据分析模块,能够对采集到的生产数据进行深度挖掘和智能分析。PLC 的数据分析模块采用了先进的数据挖掘算法和机器学习技术,能够揭示数据间的复杂关联性和潜在趋势。通过对生产数据的深入分析,可以发现生产过程中的关键影响因素和瓶颈环节,为生产优化提供科学依据。同时,PLC 还能够根据历史数据预测未来的生产趋势,为企业制订生产计划和市场策略提供有力支持。除了数据分

析功能外,PLC还支持数据可视化功能。通过将分析结果以图表、报表等形式直观展示,企业管理人员和技术人员可以更加便捷地理解数据背后的意义和价值。数据可视化不仅提高了数据解读的效率和准确性,还有助于发现数据中的隐藏规律和趋势,为企业的决策提供更加全面、深入的视角。

(三)数据驱动的生产优化

基于PLC采集和分析的生产数据,企业可以实施数据驱动的生产优化策略,以进一步提升生产效率和竞争力。数据驱动的生产优化是一种科学、精准的生产管理方式,它依赖于对生产数据的深入分析和挖掘。通过对PLC采集到的生产数据进行深入分析,企业可以发现生产流程中的瓶颈环节和浪费点。例如,通过分析设备能耗数据,可以发现能耗过高的设备或工艺环节,进而调整设备参数或优化生产工艺,以降低能耗并提高能源利用效率。同样地,通过分析产品质量数据,可以发现影响产品质量的关键因素,进而采取针对性的改进措施,提高产品质量和稳定性。数据驱动的生产优化不仅有助于提升生产效率和产品质量,还能够提高企业的市场竞争力。通过优化生产流程、降低生产成本、提高产品质量等方式,企业可以在激烈的市场竞争中脱颖而出,赢得更多的市场份额和客户信任。此外,数据驱动的生产优化还能够为企业提供持续改进的动力和方向,推动企业不断向更高水平发展。

四、PLC支持工业物联网的集成与协同

(一)设备互联与数据共享

在工业物联网的复杂生态系统中,PLC(可编程逻辑控制器)扮演着至关重要的角色,成为连接各类工业设备的核心纽带。PLC凭借其强大的通信能力和数据处理技术,实现了生产线设备间的无缝互联,构建了一个高度集成且信息流通顺畅的工业生态系统。设备互联是工业物联网的基础,而PLC正是这一基础得以稳固的关键。通过PLC,生产线上的各类设备得以实时交换数据,无论是传感器采集的实时参数,还是执行器反馈的操作状态,都能被准确、迅速地传递至整个系统。这种数据流动不仅提升了生产线的自动化水平,使得生产流程更加流畅和高效,还极大地促进了数据的共享和利用。企业可以依托PLC构建的数据平台,实现对生产流程的全面监控和管理,无论是生产进度、设备状态还是能耗情况,都能一目了然,从而做出更为精准的决策。

(二)远程监控与控制能力

在工业物联网的应用场景中,PLC展现出了强大的远程监控与控制能力,这一特性极大地提升了生产线的维护效率和灵活性。PLC通过网络技术,实现了对生产线设备的远程访问。技术人员无须亲临现场,即可通过网络实时查看设备的运行状态、生产进度以及能耗情况等关键信息。这种远程监控能力不仅提高了维护的及时性,使得问题能够在第一时间被发现和处理,还降低了维护成本,减少了设备故障导致的生产中断。在设备出现故障时,PLC的远程控制能力显得尤为重要。技术人员可以通过远程访问PLC系统,分析故障日志和错误信息,快速定位问题所在,并采取相应的修复措施。这种远程故障诊断和修复的能力大大提高了维护效率,缩短了故障恢复时间,为企业的连续生产提供了有力保障。

(三)跨平台协同与互操作性

在工业物联网的复杂环境中,PLC展现出了良好的跨平台协同与互操作性。这一特性使得PLC能够与其他智能设备和系统无缝对接,共同构建一个高度智能化的生产环境。PLC能够与多种操作系统、数据库和应用软件实现无缝对接,这种互操作性使得企业能够将PLC集成到现有的IT系统中,形成一个一体化的生产管理平台。无论是企业资源计划(ERP)系统、制造执行系统(MES)还是供应链管理系统(SCM),都能与PLC实现数据的交换和共享,从而形成一个全面、高效的生产管理体系。这种集成能力不仅提高了数据的利用率和准确性,还使得生产管理流程更加流畅和高效。除了与IT系统的集成外,PLC还支持与其他智能设备的协同工作。例如,PLC可以与智能传感器、RFID标签等物联网设备无缝对接,实现数据的实时采集和传输。

第三节 PLC控制系统的自主化与智能化发展

一、自主控制策略的开发与应用

(一)自主控制算法的研究与创新

1. 预测控制算法

预测控制算法是一种基于历史数据和实时信息的高级控制策略,其核心在于对未来生产状态的精准预测。该算法通过收集和分析生产线上的历史数据,结合当前的实时信息,如设备状态、物料供应情况等,构建出精确的生产状态预测模型。在此基础上,算法能够提前预测未来一段时间内的生产趋势和潜在问题,从而及时调整控制参数,优化生产流程。这种前瞻性的控制策略不仅能够有效避免生产过程中的潜在风险,还能显著提升生产效率和产品质量,为企业的生产优化提供了强有力的支持。

2. 自适应控制算法

自适应控制算法是一种能够根据生产环境变化自动调整控制策略的先进技术。在生产过程中,环境因素、设备状态以及物料供应等都可能发生变化,这些变化往往会对生产稳定性和效率产生重大影响。自适应控制算法通过实时监测这些变化,并依据预设的规则或模型,自动调整控制参数和控制策略,以确保生产过程的稳定性和效率。这种灵活的控制方式不仅提高了生产线的适应能力,还有效降低了环境变化导致的生产中断和损失,为企业的连续生产提供了有力保障。

3. 强化学习算法

强化学习算法是一种通过不断试错和优化来学习最优控制决策的先进技术,在PLC系统中,强化学习算法被用来训练系统学会在特定环境下做出最优控制决策。算法通过模拟不同的控制策略,并观察这些策略在实际生产环境中的效果,逐步调整和优化控制策略,直至找到最优解。这种基于试错的学习过程不仅使PLC系统具备了自我学习和优化的能力,还使其能够更加智能地应对复杂多变的生产环境,为企业的智能化生产提供了强大的决策支持。

（二）自主控制策略的实施与优化

1. 策略部署与验证

策略部署与验证是将自主控制策略从理论设计转向实际应用的关键环节，在此过程中，自主控制策略需被精心部署至实际生产环境中，以检验其在真实条件下的表现。部署阶段，需确保策略与现有生产系统的无缝集成，同时考虑生产流程的具体需求和环境约束。随后，通过模拟运行，即在接近实际生产条件的虚拟环境中执行策略，初步评估其可行性和潜在影响。实时监测则紧随其后，利用传感器、数据记录设备等手段，持续收集生产过程中的关键指标，如生产效率、能耗、故障率等，以验证策略的实际效果。这一过程不仅确保了策略的有效实施，还为后续的性能评估和调整提供了坚实基础。

2. 性能评估与调整

性能评估与调整旨在根据生产数据反馈，对自主控制策略进行全面审视，必要时进行必要的调整和优化。在评估阶段，人们利用统计学方法、数据挖掘技术等手段，深入分析生产数据，识别策略实施后的改进点和潜在问题。评估结果不仅揭示了策略的实际效果，还指出了进一步优化的方向。调整阶段，则基于评估结果，对策略进行微调或重大改进，如调整控制参数、优化算法结构等，以期提升控制效果。这一过程是一个迭代循环，通过不断的评估与调整，自主控制策略得以持续优化，以适应生产环境的变化，确保生产过程的稳定性和效率。

二、人机交互界面的智能化改进

（一）智能界面设计原则

1. 直观性与易用性

直观性与易用性是衡量人机交互界面设计质量的关键指标。在界面设计中，直观性体现为布局清晰、元素标识明确，使得用户无须额外学习即可理解界面结构和功能。通过采用简洁明了的视觉元素和操作流程，可以显著降低操作难度，提升用户的使用效率。易用性则强调界面操作的便捷性和流畅性，通过合理的交互设计和用户引导，使用户能够轻松完成所需操作，减少误操作的可能性。在人机交互界面的设计中,直观性与易用性的融合,不仅提升了用户体验,还促进了操作效率的提升,为生产过程的顺利进行提供了有力保障。

2. 个性化与定制化

个性化与定制化是提升人机交互界面用户体验的重要途径。在界面设计中,个性化体现为根据用户的偏好和习惯,提供多样化的界面风格和主题选择,以满足用户的审美需求。定制化则进一步深入,允许用户根据自身需求,自定义界面布局和功能模块,实现界面的高度个性化。这种策略不仅增强了用户的参与感和归属感,还提升了界面的实用性和灵活性。通过个性化与定制化的设计,人机交互界面能够更好地适应不同用户群体的需求,提升用户满意度和忠诚度。

3. 响应性与实时性

响应性体现在界面对用户操作的即时反馈上,通过优化界面处理速度和交互逻辑,确保用户操作能够迅速得到响应,减少等待时间。实时性则强调界面能够实时显示生产数据和报警信息,使用户能够及时了解生产状态,做出相应决策。在人机交互界面的设计中,响应性与实时性的提升,不仅提高了用户操作的流畅性和效率,还增强了生产过程的可控性和安全性。通过不断优化界面性能,可以为用户提供更加高效、可靠的人机交互体验。

(二) 智能交互技术的应用

1. 触摸屏技术

触摸屏技术作为人机交互领域的一项重要革新,通过集成高分辨率显示屏与多点触控功能,极大地提升了用户操作的便捷性和灵活性。高分辨率的显示屏能够细腻呈现各类图形界面,确保用户能够清晰辨识各项操作元素,减少误操作的可能性。同时,多点触控功能的引入,使得用户能够通过手指的滑动、点击、缩放等自然动作,实现对界面的直观操控,无须借助鼠标或键盘等传统输入设备。这一技术的运用,不仅简化了操作流程,降低了操作难度,还极大地提升了用户界面的交互效率和用户体验,为生产过程的智能化管理提供了有力支持。

2. 语音识别技术

语音识别技术通过将用户的语音指令转化为计算机可识别的操作命令,

实现了对传统操作方式的革命性突破。在生产环境中,集成语音识别模块的人机交互界面,能够准确识别并响应操作人员的语音指令,从而解放了操作人员的双手,使其能够更专注于生产任务的执行。这一技术的运用,不仅提高了操作效率,减少了因手动操作而产生的误差,还增强了生产过程的灵活性和可控性。同时,语音识别技术还能够根据用户的语音特征进行个性化识别,进一步提升了人机交互的智能化水平和用户体验。

3. 数据可视化技术

数据可视化技术通过运用图表、动画等可视化手段,将复杂的生产数据和趋势以直观、清晰的方式呈现出来,为决策制定提供了有力支持。在生产过程中,大量的实时数据需要被收集、分析和处理,以便及时发现潜在问题并采取相应的应对措施。数据可视化技术能够将这些数据转化为易于理解的图形和动画,使得操作人员能够迅速掌握生产状态,准确判断生产趋势,从而做出更加明智的决策。这一技术的运用,不仅提高了决策制定的准确性和效率,还增强了生产过程的透明度和可控性,为企业的智能化生产提供了有力保障。

三、智能化生产调度与协同

(一)智能化生产调度系统

1. 动态调度算法

动态调度算法基于实时生产数据和市场需求信息,能够灵活调整生产计划,确保生产流程的高效运行。通过实时分析生产线的状态、原材料库存、订单需求等关键数据,动态调度算法能够迅速识别生产瓶颈和资源短缺,从而自动调整生产计划,优化资源配置。这种实时的、数据驱动的调度策略,不仅提高了生产线的响应速度和灵活性,还有效降低了生产成本和库存积压,增强了企业的市场竞争力。此外,动态调度算法还能够适应市场需求的快速变化,确保生产计划与市场需求保持同步,为企业带来持续的经济效益。

2. 生产绩效评估

生产绩效评估是智能化生产调度系统中不可或缺的一环,该系统通过实时收集和分析生产数据,全面评估生产效率、质量、成本等关键指标,为企业的持续改进提供有力依据。通过对比实际生产数据与预设目标值,生产绩效评估能够准确识别出生产过程中的短板和瓶颈,从而指导企业采取针对性的改进措施。此外,生产绩效评估还能够实时监测生产线的运行状态,及时发现潜在的生产异常和质量问题,为企业的质量管理和风险控制提供有力支持。

(二)智能化协同作业机制

1. 设备间协同

在智能化生产环境中,设备间的高效协同作业是提升生产效率的关键。通过可编程逻辑控制器(PLC)系统的应用,不同生产设备能够实现信息共享和协同作业。PLC系统作为设备间的通信桥梁,能够实时收集并处理来自各设备的运行数据,根据预设的逻辑规则,协调各设备的工作状态,确保生产流程的顺畅进行。这种设备间的信息共享和协同作业机制,不仅减少了设备间的等待时间和冲突,提高了生产线的整体效率,还增强了生产系统的灵活性和适应性。此外,PLC系统还能够根据生产需求的变化,动态调整设备间的协同策略,确保生产过程的持续优化和高效运行。

2. 人机协同

人机协同是智能化生产中的重要组成部分,它强调操作人员与PLC系统之间的无缝协作。通过采用智能界面和先进的交互技术,操作人员能够轻松与PLC系统进行交互,实现生产指令的快速输入和反馈。智能界面设计注重用户体验,提供直观、易用的操作界面,降低了操作难度,提高了操作效率。同时,交互技术如语音识别、手势控制等,进一步解放了操作人员的双手,使其能够更加专注于生产任务的执行。这种人机协同机制,不仅提升了作业效率,还增强了操作人员的参与感和满意度,为智能化生产的顺利推进提供了有力保障。

3. 系统间协同

智能化协同作业机制还体现在不同生产管理系统间的协同上,PLC系统与制造执行系统(MES)、企业资源计划(ERP)等生产管理系统的集成,实现了生产计划、物料管理等信息的同步和协同。这种系统间的信息共享和协同作业,打破了信息孤岛,提高了生产数据的准确性和一致性。通过实时同步生产计划、物料需求等信息,PLC系统能够精确控制生产流程,确保生产任务的按时完成。同时,与生产管理系统的集成还促进了生产数据的深度分析和挖掘,为企业的持续改进和优化提供了有力支持。这种全面优化的协同作业机制，不仅提升了企业的生产管理水平，还增强了企业的市场竞争力和可持续发展能力。

第四节 PLC控制系统在可持续发展中的应用与挑战

一、PLC控制系统在节能减排中的应用

（一）精准控制降低能耗

在现代化工业生产中，PLC（可编程逻辑控制器）系统凭借其强大的控制功能，通过精确控制生产设备的运行时间和功率，为节能减排目标的实现提供了有力支持。具体而言，PLC系统能够依据生产需求，实时调整设备的运行状态，避免能源浪费。例如，在生产线空闲或低负荷时段，PLC系统可自动降低设备的运行功率或使其进入待机模式，从而显著降低能耗。PLC系统的精准控制不仅体现在对单个设备的控制上，更体现在对整个生产流程的优化上。通过集成传感器和数据分析模块，PLC系统能够实时监测生产设备的能耗情况，并根据实时数据调整控制策略，以实现全局能耗的最小化。此外，PLC系统还支持远程监控和故障诊断功能，使得运维人员能够及时发现并解决能耗异常问题，进一步提高能源利用效率。

（二）优化生产流程减少排放

PLC系统凭借其强大的逻辑控制和数据处理能力，在生产流程优化方面发挥着关键作用。通过集成传感器和执行器，PLC系统能够实时监测生产过程中的各项参数，如温度、压力、流量等，并根据预设的逻辑规则进行自动调整，以确保生产过程的稳定性和高效性。在生产流程优化方面，PLC系统主要实现了以下功能：一是通过精确控制生产设备的运行参数，减少生产过程中的废弃物和污染物排放。例如，在化工生产中，PLC系统能够精确控制反应温度和压力，以减少副产品的生成和有害物质的排放。二是通过优化生产流程，提高资源利用率和产品质量，从而减少生产过程中的资源浪费和环境污染。例如，在汽车制造中，PLC系统能够精确控制焊接和喷涂等工艺过程，以提高车

身的强度和美观度,同时减少废气和废渣的排放。

(三)能源管理系统的集成

随着全球对环境保护和可持续发展的日益重视,绿色生产已成为企业发展的重要方向。PLC 系统作为工业自动化领域的核心设备之一,在绿色生产中发挥着重要作用。特别是通过与能源管理系统的集成,PLC 系统为企业的节能减排和绿色生产提供了有力支持。能源管理系统是一种集成了数据采集、分析、监控和管理功能的系统,旨在帮助企业实现能源的高效利用和节能减排。PLC 系统与能源管理系统的集成,使得企业能够实时监测和分析能源消耗情况,及时发现并解决能源浪费问题。通过 PLC 系统采集的实时数据,能源管理系统能够计算出各生产设备的能耗情况,并生成详细的能耗报告和节能建议。这些报告和建议为企业提供了科学的决策依据,有助于企业制定更加合理的能源利用计划和节能减排措施。

二、PLC 控制系统在资源循环利用中的贡献

(一)智能分类与回收控制

在资源循环利用领域,PLC 系统通过集成先进的传感器技术和逻辑控制功能,实现了废弃物的智能分类和回收设备的精确控制,显著提高了资源回收效率。具体而言,PLC 系统能够利用传感器实时监测废弃物的种类、数量和质量等信息,并根据预设的逻辑规则进行分类处理。例如,在垃圾分类系统中,PLC 系统能够准确识别不同种类的垃圾,并将其投送到相应的回收箱中,从而实现废弃物的有效分离和回收。在回收设备的控制方面,PLC 系统同样发挥着重要作用。通过精确控制回收设备的运行参数,如转速、功率和工作时间等,PLC 系统能够确保回收设备的稳定运行和高效工作。此外,PLC 系统还支持与回收设备的远程通信和监控功能,使得运维人员能够实时了解设备的运行状态和性能数据,及时发现并处理潜在故障,进一步提高资源回收的可靠性和稳定性。

(二)资源循环流程优化

PLC 系统凭借其强大的数据处理和通信能力,在资源循环利用流程的优

化中发挥着关键作用。通过实时监测和分析资源循环利用过程中的各项参数和数据,PLC系统能够准确评估资源的利用效率和潜在浪费情况,为流程优化提供科学依据。在资源循环利用流程中,PLC系统主要实现了以下功能:一是通过精确控制生产设备的运行参数,减少资源浪费和能源消耗。例如,在废弃物处理过程中,PLC系统能够根据废弃物的种类和数量,自动调整处理设备的运行参数,以实现资源的最大化利用。二是通过优化生产流程,提高资源利用率和产品质量。PLC系统能够实时监测生产过程中的各项参数,如温度、压力、流量等,并根据实时数据调整生产流程,以减少资源浪费和次品率。此外,PLC系统还支持与其他生产管理系统的集成,如MES(制造执行系统)和ERP(企业资源计划)等。通过集成这些系统,PLC系统能够获取更全面的生产数据和信息,为资源循环利用流程的优化提供更加精准的决策支持。

（三）远程监控与维护

在资源循环利用过程中,设备的运行状态和性能稳定性对于保障整个流程的连续性和稳定性至关重要。PLC系统通过支持远程监控和维护功能,为资源循环利用设备的稳定运行提供了有力保障。具体而言,PLC系统能够实时监测设备的运行状态和性能数据,如温度、振动、电流等,并通过远程通信将数据传输至运维中心。运维人员可以通过对数据的分析和处理,及时发现设备的潜在故障和异常情况,并采取相应的维护措施。在远程监控方面,PLC系统能够实现对设备的全面监控和预警。通过集成传感器和数据分析模块,PLC系统能够实时监测设备的各项参数和运行状态,并根据预设的阈值和规则进行预警和报警。当设备出现故障或异常情况时,PLC系统能够自动触发预警机制,并通过短信、邮件等方式向运维人员发送报警信息,以便运维人员及时采取措施进行处理。在远程维护方面,PLC系统同样发挥着重要作用。通过远程通信功能,运维人员可以实时了解设备的运行状态和性能数据,并根据需要对设备进行远程调试和修复。

三、PLC控制系统在环境监测与保护中的作用

（一）实时监测环境参数

在环境保护领域,对环境参数的实时监测是确保环境质量、预防污染事故

的重要基础。PLC(可编程逻辑控制器)系统通过集成先进的传感器技术,能够实时监测空气质量、水质等关键环境参数,为环境保护工作提供了及时、准确的数据支持。PLC系统通过连接各类传感器,如空气质量监测传感器、水质监测传感器等,实现了对环境参数的全面监测。空气质量监测传感器能够实时检测空气中的PM2.5、PM10、二氧化硫、氮氧化物等污染物浓度,以及温度、湿度等气象参数。水质监测传感器则能够实时监测水体中的溶解氧、pH值、电导率、浊度、重金属离子等关键水质指标。这些传感器将采集到的数据实时传输至PLC系统,PLC系统通过内部算法对数据进行处理和分析,生成实时的环境质量报告。

(二)控制环保设备运行

PLC系统通过连接环保设备的控制单元,实现了对设备运行的精确调控。例如,在污水处理过程中,PLC系统能够精确控制曝气装置、搅拌装置、污泥泵等设备的运行参数,如转速、流量、工作时间等,以确保污水中的有机物、氮磷等污染物得到有效去除。在废气处理过程中,PLC系统能够精确控制除尘器、脱硫脱硝装置等设备的运行,确保废气中的颗粒物、二氧化硫、氮氧化物等污染物达到排放标准。PLC系统在控制环保设备运行方面具有以下特点:一是控制精度高。PLC系统采用先进的控制算法,能够实现对设备运行参数的精确控制,确保处理效果稳定。二是自动化程度高。PLC系统能够自动根据预设的逻辑规则和设备状态进行调控,减少人工干预,提高运行效率。三是可靠性高。PLC系统采用模块化设计,具有强大的抗干扰能力和故障自诊断功能,能够确保设备运行的稳定性和可靠性。

(三)预警与应急响应

PLC系统通过连接环境监测传感器和环保设备控制单元,实现了对环境参数的实时监测和设备的精确控制。在此基础上,PLC系统能够根据实际需求设定环境参数的阈值,如空气质量中的污染物浓度阈值、水质中的污染物浓度阈值等。当环境参数超过设定值时,PLC系统能够自动触发预警机制,通过声光报警、短信报警等方式向相关人员发出预警信息。同时,PLC系统还能够根据预设的应急响应方案,自动调整环保设备的运行参数或启动备用设备,以应对环境参数的异常变化。PLC系统在预警与应急响应方面具有以下优势:

一是预警准确度高。PLC系统采用高精度传感器和先进的控制算法,能够实现对环境参数的精确监测和预警,减少误报和漏报。二是应急响应速度快。PLC系统能够自动触发预警机制并采取应急响应措施,无须人工干预,提高了应急响应的速度和效率。三是可扩展性强。PLC系统支持多种传感器的接入和多种应急响应方案的设置,可根据实际需求进行扩展和定制,满足不同环境污染事故的应对需求。

四、PLC控制系统在可持续发展中面临的挑战

(一)技术更新与升级

在工业生产与环境保护领域,PLC(可编程逻辑控制器)系统作为自动化控制的核心设备,其技术更新与升级是应对生产技术进步与环保标准提升的关键。随着生产技术的不断革新,如智能制造、物联网技术的融合应用,PLC系统需具备更高的数据处理能力、更灵活的网络通信功能以及更强的智能化控制水平,以适应新型生产模式对自动化、信息化、智能化的需求。同时,随着全球环保意识的增强和环保法规的日益严格,PLC系统还需集成更多环保监测与控制功能,确保生产过程符合最新的环保标准,减少资源消耗与环境污染。技术更新与升级对于PLC系统而言,不仅是性能上的提升,更是对系统架构、软件平台、通信协议等方面的全面优化。这要求PLC系统制造商持续关注行业动态,研发新技术,推出新产品,以满足市场不断变化的需求;同时,企业用户也需建立技术更新机制,定期对PLC系统进行评估与升级,确保系统能够持续支持高效、环保的生产运营。

(二)系统设计与维护成本

随着工业生产规模的扩大和自动化程度的提高,PLC系统的设计与维护成本成为企业不可忽视的重要考量因素。PLC系统的设计成本涉及硬件选型、软件编程、系统集成等多个环节,而维护成本则涵盖日常巡检、故障排查、系统升级等多个方面。随着系统规模的扩大和复杂性的增加,这些成本呈现出非线性增长的趋势,给企业带来了较大的经济压力。在系统设计阶段,企业需综合考虑生产需求、成本控制、技术可行性等因素,进行科学合理的规划。硬件选型上,既要考虑设备的性能与可靠性,又要兼顾成本效益;软件编程上,

需采用模块化、标准化的设计理念,提高代码的可读性和可维护性。在系统维护阶段,企业应建立完善的维护体系,包括定期维护计划、故障预警机制、备品备件管理等,以降低维护成本,提高系统运行的稳定性和可靠性。

(三)安全性与可靠性问题

在可持续发展的背景下,PLC 系统的安全性与可靠性成为衡量其性能的重要指标,PLC 系统作为工业自动化控制的核心,其安全性直接关系到生产安全、人员安全以及环境安全。一旦系统发生故障或遭受恶意攻击,可能导致生产中断、设备损坏、环境污染等严重后果,给企业和社会带来巨大损失。确保PLC 系统的安全性,需要从硬件设计、软件编程、网络通信等多个层面入手。硬件设计上,需采用高可靠性元器件,加强电磁兼容性设计,提高系统的抗干扰能力;软件编程上,需遵循安全编程规范,采用冗余设计、故障检测与恢复机制等技术手段,确保软件运行的稳定性和安全性;网络通信上,需采用加密通信协议,建立安全隔离机制,防止外部攻击和数据泄露。

参 考 文 献

[1]刘忠超,肖东岳.电气控制与可编程自动化控制器应用技术:GE PAC[M].西安:西安电子科技大学出版社,2016.

[2]连晗.电气自动化控制技术研究[M].长春:吉林科学技术出版社,2019.

[3]弭洪涛,孙铁军,牛国成.PLC技术实用教程:基于西门子S7-300:第2版[M].北京:电子工业出版社,2016.

[4]高士杰.电气控制与PLC技术[M].北京:北京师范大学出版社,2018.

[5]张兵,蔡纪鹤.电气控制与PLC技术[M].北京:机械工业出版社,2022.

[6]熊凌,谭建豪,电气控制与PLC技术及应用:西门子S7-300系列[M].武汉:华中科技大学出版社,2015.

[7]黄恭伟,汪先兵,倪受春,等.电气控制技术与PLC应用实验[M].合肥:中国科学技术大学出版社,2015.

[8]王红,迟恩先.PLC系统设计与调试[M].北京:中国水利水电出版社,2015.

[9]李金亮,刘克桓.智能制造与PLC技术应用初级教程[M].哈尔滨:哈尔滨工业大学出版社,2021.

[10]姜新桥.电机电气控制与PLC技术[M].西安:西安电子科技大学出版社,2016.

[11]许雯.浅析人工智能技术应用于电气自动化控制[J].中国设备工程,2024(23):26-28.

[12]肖振华.电气自动化系统的信息化集成与智能控制技术研究[J].中国信息界,2024(08):219-221.

[13]王磊.基于PLC技术的矿山机械破碎机电气自动化控制技术研究[J].电气技术与经济,2024(11):171-174.

[14]黄祺欣.基于PLC控制技术的电气自动化控制系统优化研究[J].自动化

应用,2024,65(S1):152-154.

[15] 石磊.电气自动化控制设备故障预防与检修技术探析[J].仪器仪表用户,2024,31(11):37-39.

[16] 姜峰.工业电气自动化控制中视觉识别技术的应用研究[J].家电维修,2024(11):6-9.

[17] 李书奎.PLC技术在电气工程及自动化控制中的应用[J].电子产品世界,2024,31(11):58-60,64.

[18] 冒泽懿.PLC技术在电气自动化领域中的应用研究[J].造纸装备及材料,2024,53(10):106-108.

[19] 胡菁华,李冀宁.人工智能技术在电气自动化控制中的应用[J].模具制造,2024,24(10):27-29.

[20] 居玮.PLC在机械设备电气自动化控制中的应用研究[J].造纸装备及材料,2024,53(09):43-45.

[21] 钟逸飞,陆铭,范孟超,等.变频调速技术在工业电气自动化控制中的应用[J].四川建材,2024,50(09):198-200.

[22] 李帅.电气自动化标准化控制中变频调速技术的运用[J].全面腐蚀控制,2024,38(08):139-142.

[23] 曹祥林.电气自动化控制中变频调速技术研究——采防范电磁干扰的对策[J].广西物理,2024,45(03):44-46.

[24] 张晓春.电气自动化控制设备常见故障的维修及预防[J].中国设备工程,2024(15):193-195.

[25] 国辉.PLC技术在机械电气控制装置中的应用[J].通讯世界,2024,31(07):193-195.

[26] 赵浩然.基于PLC的电气仪表自动化控制研究[J].信息记录材料,2024,25(08):97-99.

[27] 蔡志远,王风姣,谢子楠.PLC技术在电气自动化控制中的应用研究[J].智能物联技术,2024,56(04):123-126.

[28] 钱诗政.电气自动化PLC调试系统的应用与控制措施[J].科技资讯,2024,22(14):62-64.

[29] 刘翠莲.PLC 在机械设备电气自动化控制中的应用研究[J].造纸装备及材料,2024,53(07):59-61.

[30] 杨涛,李念.PLC 技术在电气工程自动化控制中的应用[J].造纸装备及材料,2024,53(07):113-115.